種植細說

古代栽培與古代園藝

唐 容 編著

目錄

序 言 種植細說

文化是民族的血脈，是人民的精神家園。

文化是立國之根，最終體現在文化的發展繁榮。博大精深的中華優秀傳統文化是我們在世界文化激盪中站穩腳跟的根基。中華文化源遠流長，積澱著中華民族最深層的精神追求，代表著中華民族獨特的精神標識，為中華民族生生不息、發展壯大提供了豐厚滋養。我們要認識中華文化的獨特創造、價值理念、鮮明特色，增強文化自信和價值自信。

面對世界各國形形色色的文化現象，面對各種眼花繚亂的現代傳媒，要堅持文化自信，古為今用、洋為中用、推陳出新，有鑑別地加以對待，有揚棄地予以繼承，傳承和昇華中華優秀傳統文化，增強國家文化軟實力。

浩浩歷史長河，熊熊文明薪火，中華文化源遠流長，滾滾黃河、滔滔長江，是最直接源頭，這兩大文化浪濤經過千百年沖刷洗禮和不斷交流、融合以及沉澱，最終形成了求同存異、兼收並蓄的輝煌燦爛的中華文明，也是世界上唯一綿延不絕而從沒中斷的古老文化，並始終充滿了生機與活力。

中華文化曾是東方文化搖籃，也是推動世界文明不斷前行的動力之一。早在五百年前，中華文化的四大發明催生了歐洲文藝復興運動和地理大發現。中國四大發明先後傳到西方，對於促進西方工業社會發展和形成，曾造成了重要作用。

中華文化的力量，已經深深熔鑄到我們的生命力、創造力和凝聚力中，是我們民族的基因。中華民族的精神，也已深深植根於綿延數千年的優秀文化傳統之中，是我們的精神家園。

總之，中華文化博大精深，是中華各族人民五千年來創造、傳承下來的物質文明和精神文明的總和，其內容包羅萬象，浩若星漢，具有很強文化縱深，蘊含豐富寶藏。我們要實現中華文化偉大復興，首先要站在傳統文化前沿，薪火相傳，一脈相承，弘揚和發展五千年來優秀的、光明的、先進的、科學的、文明的和自豪的文化現象，融合古今中外一切文化精華，構建具有中華文化特色的現代民族文化，向世界和未來展示中華民族的文化力量、文化價值、文化形態與文化風采。

為此，在有關專家指導下，我們收集整理了大量古今資料和最新研究成果，特別編撰了本套大型書系。主要包括獨具特色的語言文字、浩如煙海的文化典籍、名揚世界的科技工藝、異彩紛呈的文學藝術、充滿智慧的中國哲學、完備而深刻的倫理道德、古風古韻的建築遺存、深具內涵的自然名勝、悠久傳承的歷史文明，還有各具特色又相互交融的地域文化和民族文化等，充分顯示了中華民族厚重文化底蘊和強大民族凝聚力，具有極強系統性、廣博性和規模性。

本套書系的特點是全景展現，縱橫捭闔，內容採取講故事的方式進行敘述，語言通俗，明白曉暢，圖文並茂，形象直觀，古風古韻，格調高雅，具有很強的可讀性、欣賞性、知識性和延伸性，能夠讓廣大讀者全面觸摸和感受中華文化的豐富內涵。

肖東發

稼穡之源 古代栽培

中國農作物栽培起源於新石器時期，當時人們靠狩獵和採集野生植物維生。有些採集到的種子散落在住所附近，不經意間發芽、開花、結果、繁殖。人們透過觀察植物生長過程，逐漸學會了人工栽培作物，於是產生了最初的農業生產活動。

從新石器中晚期開始，中國古代農民在水田技術、旱田技術，以及經濟作物栽培方面，逐漸總結出了植物栽培技術，並由中原地區向外緣擴散。在這個傳播過程中，引起了風俗習慣交流與民族融合，豐富了中國農耕文化。

農作物種類與演變

■五穀圖中所繪的水稻

中國在一萬年前就產生了農耕文明。先是對可吃的植物進行種植，而後透過選擇種植產量高的作物。

魏晉南北朝以前是「北粟南稻」為主，隋唐以後麥類得到推廣，逐步形成「北麥南稻」的格局。

各種作物在種植中又培育和引入了一些新的作物品種。尤其是漢代引入的玉米、馬鈴薯及宋代引入的「占城稻」等作物，成為中國的主栽作物。

中國的農耕文明可以從新石器初期開始追溯。傳說神農氏見一隻大鳥口銜一串金光燦燦的穗子而開始播種，並製作農具教會人們耕作，從此中國的農耕文明得以產生。

據考古發現，河北省武安磁山遺址發現了距今八千年前的碳化粟米粒，浙江省浦江縣上山遺址發現了一萬年前的稻米遺存。可見中國的種植業在那時就已經開始了。

先秦時期的農作物經歷了一個由多到少的過程。開始是可吃而無毒的植物都進行種植，隨著人們對作物認識的提高，逐漸淘汰了一些產量低口感差的植物種類。

這個時期種植的作物總的來說是比較多的，但是主要作物還是集中在幾種上。

夏代主要有穀、稻、麥、菽、糜等，《夏小正》即有關於夏代種植「黍菽糜」的記載。商代見於甲骨文的有黍、稷、稻、麥、米等字。周代則主要是粟、黍、稷、稻、粱、豆、麥、桑、麻等。

秦漢時期，各種作物所佔的比例發生了一些變化。主要表現在麥和稻的種植更為普遍，它們在人們的糧食構成中日漸重要。特別是在北方麥的種植得到大力推廣。

據《漢書·食貨志》記載，在西漢時，政府在五穀中最重麥和稻，種植麥子甚至引起了皇帝的重視。同時，人們在作物的種植中還學會了作物品種的選擇培育，生產上出現了許多優良品種。

據西漢農學家氾勝之的《氾勝之書》記載，麥已有大麥與小麥、春麥與冬麥的區分，豆也有大豆與小豆的區分。江南的稻作農業也漸趨良種化。

比較著名水稻品種有張衡在《南都賦》中說的「華鄉黑秬」、「滍皋香粳」等。而東漢時期許慎編纂的《說文解字》

中列有麥的品種八個，禾有七個，稻有六個，豆和麻各有四個，黍有三個，竽有兩個。

漢代時人們還種植了較多的蔬菜和經濟作物。東漢末期政論家崔寔的《四民月令》中提到的蔬菜有瓜、瓠、葵、冬葵、苜蓿、芥、蕪菁、芋、蘘荷、生薑、蔥、青蔥、大蒜、韭蔥、蓼、蘇等。經濟作物主要有桑、麻、芝麻、蓼藍和胡瓜。

漢代還開通了中國與西亞各國的物資交流，從西域國家引入了西瓜、黃瓜、蠶豆、青蔥、大蒜、胡椒、芝麻、葡萄和苜蓿等作物。

魏晉南北朝時期，作物格局依然是南稻北粟，但麥類的種植逐漸普遍，在北方大有追趕粟類之勢，在南方則隨著北方移民的入遷也開始有少量種植。

據北魏時農學家賈思勰著的《齊民要術》記載，這時北方已有旱稻種植。農人們除了種植大田糧食作物外還比較重視其他作物的種植。

蔬菜瓜果作物沿襲前代；染料作物出現了紅藍花、梔子、藍、紫草等；油料作物有胡麻、荏等，其中胡麻在黃河流域已經普遍種植；飼料或綠肥作物有苜蓿、蕪菁、苕草等；糖料作物有甘蔗；纖維作物有麻。

值得一提的是，這個時期人們已重視作物的選種和良種培育工作，並在實踐中積累了一定的經驗和方法。在選種、留種、防雜保純等方面，具有相當的科學性，至今在品種的提純復壯中仍有沿用。

由於培育良種，這個時期湧現出了大量的農作物新品種。如粟類以成熟時間的先後分為早穀和晚穀品種，以穀粒的顏色分又有黃穀、青穀、白穀、黑穀等品種。

據晉時書籍《廣志》記載粟的品種有十一個，水稻品種有十三個；《齊民要術》所記粟的品種有八十多個，水稻品種有二十四個，並各有名稱。

隋唐時期作物種類有了較大的變化。唐末韓鄂《四時纂要》記載的作物品種比北朝時的《齊民要術》有所增加，其中糧食作物除傳統的粟、麥、稻、黍、菽外，又有山藥、蕎麥和薏薏等。這三種作物可能在唐以前已有所種植，如蕎麥在陝西咸陽的漢墓中曾有出土，但是到了唐朝才見於文獻記載。

隨著水稻種植業的發展，也出現了許多水稻的優良品種。據《四時纂要》及其他文獻的零星記載，這個時期的水稻品種主要有蟬鳴稻、玉粒、江米、白稻、香稻、紅蓮、紅稻、黃稻、獐牙稻、長槍、珠稻、霜稻、罷亞、黃稑、烏節十五種。除白稻、香稻和黃稑外。其中香粳還是蘇州和常熟的貢品，黃稑和烏節則為揚州的貢品。

這個時期麥類則在北方大規模種植，在南方也有小面積地種植於丘陵旱地。此時麥類已成為僅次於稻，而與粟處於同等地位的糧食作物，並在全國形成了南稻北麥的生產格局。

在《四時纂要》中還有關於茶葉、食用菌的種植記載。其中茶葉種植在唐代「茶聖」陸羽出版《茶經》之後得到迅速發展，唐朝全國產茶地有五十多個州郡。事實上，中國茶樹大規模種植是從唐代開始的。

五代宋元時期，隨著北方人的大量南遷，給南方帶來了種麥技術，再加上政府鼓勵，南方麥類種植日益擴大。當時市場上麥的價格也很高，而政府有南方種麥不用交課糧的政策，從而刺激了南方麥類的擴大種植。

南方的農作物仍以水稻為主，麥類種植的南移並未影響到水稻的種植面積，倒是成就了南方麥、稻一年兩熟制的形成。

宋代曾經大規模種植的「占城稻」。「占城稻」原產於占城，就是現在的越南中部，又稱早禾或佔禾。西元一零一一年以前已在福建種植，是由福建商人從占城引入，它的主要特性是早熟耐旱且耐瘠薄。在南宋的許多地方志中都有關於占城稻的種植記載，這也說明了該品種具有廣泛的環境適應能力。

占城稻是中國水稻種植史上首個外來品種。隨著各地栽培環境的差異，又在各地演化出眾多適合各地生長的新品種。

如在嘉泰《會稽志》中就記有「早占城」、「紅占城」、「寒占城」等品種。占城稻的引入種植，對於中國稻作生產產生了深遠的影響。

到了元代，人們對於水稻的各個類型已有充分的認識。認為秈稻較為早熟，而粳稻多為中、晚熟。如《王楨農書·收穫篇》記載，南方「稻有早、晚、大、小之別」，「六七月則收早禾，其餘則至八九月」，其稱「晚禾」為「大禾」。而當時江南俗稱粳稻為「大稻」，稱「籼稻」為「小稻」。

明代，隨著中國與海外交往的增多，多種作物引入種植。目前在中國糧食生產中佔有重要地位的幾種農作物如「玉米」、「蕃薯」以及「馬鈴薯」就是在這個時期從海外引入種植的。

據考證，玉米約於十六世紀中葉分三路傳入中國。西北陸路自波斯、中亞至中國甘肅，然後流傳到黃河流域；西南陸路自印度、緬甸至雲南，然後流傳到川黔；東南海路由東南亞至沿海閩廣等省，然後向內地擴展。

蕃薯大約是西元一五八二年由呂宋、安南等地傳入中國，最早種植在福建、廣東、雲南等地。由於蕃薯產量高，畝可收穫數千斤，而且對土壤要求不高，所以得以推廣開來。

馬鈴薯何時引入中國，由於史料缺乏，目前尚無定論，但據成書於西元一六二八年的徐光啟《農政全書》記載：

土芋，一名馬鈴薯，一名黃獨，蔓生葉如豆，根圓如雞卵，內白皮黃……煮食、亦可蒸食，又煮芋汁，洗膩衣，潔白如玉。

可見這個時期馬鈴薯這個作物品種已經廣為人知、普遍栽種。

這個時期，在南方的水稻種植中，不斷有新品種培育出來。明代黃省曾的《稻品》也在這時問世，這是中國首部記載水稻品種的書籍。書中記載有江南水稻品種三十八個，其中粳稻品種二十一個，籼稻品種四個，糯稻品種十三個。

清代前期，在傳統糧食作物種植上獲得了較大的突破，主要表現在選育出了大量的優良農作物新品種。據乾隆年間官修《授時統考》記載，有十六省水稻良種三千多個，穀子良種三百個，小麥良種三十餘個，大麥良種十餘個。

水稻新品種的問世，使南方大面積流行種植「雙季稻」。如蘇州織造李煦在屬地推廣李英貴種稻之法，從一次秋收變為兩次成熟，從單季歲稔時畝產穀三四石，到兩季合計畝產六石六斗，提高了糧食產量。

北方則推廣了南方的一些農作物品種。

如康熙時天津總兵藍理在京津反覆試種水稻，終獲成功，使這一地區以馳名的「小站稻」而成為北方的魚米之鄉。

又如乾隆時兩江總督郝不麟將福建耐旱的早稻品種「畲粟」引進安徽種植，大獲成功，進而推廣到北方各省。

此外，這個時期還在全國推廣海外引進的一些高產農作物品種，如蕃薯、馬鈴薯、花生等，使之成為當時農民的主要農作物。

總之，中國古代農作物從上古時期吃無毒植物，到有選擇地種植數種作物，隨後又不斷進行選種和品種培育，並引入外來作物，使栽培作物得以進一步豐富和發展。在此期間，歷代政府對於農作物種類抑或品種的推廣，造成巨大的推動作用。

閱讀連結

康熙帝曾經在西苑豐澤園試種出了早熟醇香的御稻，又在天津一帶種植。後來將軍藍理任天津總兵時，在天津、豐潤、寶坻開水田栽稻。試驗成功後，在天津等地推廣。

康熙帝指導工匠導河修渠，並親自繪製水閘、水車圖形，使得一百五十頃水田全部種上了水稻，並獲得高產，從而結束了長城內外沿線不種水稻的歷史。

後人為了紀念藍理的功德，稱當時的一百五十頃水稻田為「藍田」，至今仍是北方重要的水稻產地。後天津小站地區出產的稻米稱「小站稻」。

稻作歷史及栽培技術

■宋代稻穀

中國是世界上最早栽培水稻的國家之一，野生稻馴化和栽培技術的進步，都有十分悠久的歷史。中國栽培的水稻屬亞洲栽培稻，其祖先種為多年生的普通野生稻。

宋代水稻栽培種植有了提高，從越南傳入的占城稻逐漸得到推廣。

明清時期，南方已經可以種植雙季稻、三季稻。在長期栽培中，培育出了許多優良品種，並形成獨具特色的中國古代稻作技術。

中國水稻栽培歷史悠久。根據考古發掘報告，中國數十處新石器時代遺址有炭化稻穀或莖葉的遺存。浙江省餘姚河姆渡新石器時期遺址和桐鄉羅家角新石器時期遺址，出土的炭化稻穀遺存，已有七千年左右的歷史。

古人栽培水稻的歷史遺蹟，以太湖地區的江蘇南部、浙江北部最為集中，長江中游的湖北省次之，其餘散處江西、福建、安徽、廣東、雲南、臺灣等地。

新石器晚期遺存在黃河流域的河南、山東也有發現。出土的炭化稻穀已有秈稻和粳稻的區別，表明秈、粳兩個亞種的分化早在原始農業時期已經出現。

戰國時期，由於鐵製農具和犁的應用，開始走向精耕細作。同時為發展水稻興修了大型水利工程，如河北漳水渠、四川都江堰、陝西鄭國渠等。

中國水稻原產南方，稻米一直是長江流域及其以南地區人民的主糧。魏晉南北朝以後經濟重心南移，北方人口大量南遷，更促進了南方水稻生產的迅速發展。唐宋以後，南方一些稻區進一步發展成為全國稻米的供應基地。

關於水稻的品種，在文字記錄較早的《管子·地員》篇中，記錄了十個水稻品種的名稱和它們適宜種植的土壤條件。以後歷代農書以至一些詩文著作中，也常有水稻品種的記述。

中國古代農民在水稻栽培過程中，在稻田種類、耕作時間、播種和育秧、灌溉、施肥、病蟲害防治、收穫等方面，積累了豐富的經驗。

元代農學家王禎的《農書》中將田地分為九類：井田、區田、圃田、圍田、櫃田、架田、梯田、塗田和沙田。同水稻種植有關的是圍田、櫃田、架田、梯田、塗田和沙田這六類。

太湖地區的圍田，約起源於春秋戰國至秦，漸有發展，至漢時進一步拓展。早期的圍墾，因水面大，下游泄水通暢，糧食增產顯著。

為瞭解決洪澇問題，古人將圍田與開挖塘浦同時並舉，從而逐漸形成了橫塘縱浦之間，圍圩棋布的塘浦圩田系統。

架田又名葑田，是在沼澤中用木樁作架，挑選菰根等水草與泥土摻和，攤鋪在架上，種植稻穀。這樣種植的作物漂浮在水面，隨水高下，不致淹沒。宋元時，江南、淮東和兩廣就有這種架田。

古人為了擴大耕地，向山區要田就是梯田，向水面要田就是圍田。如四川湖南等省的「塝田」，粵北和贛東的「排田」。還有古書所稱的「口田」、「雷鳴田」、「山田」、「岩田」等。

關於水稻的耕作制度，水稻原產一般一年只能種植一季。自從有了早稻品種，種植範圍就漸向夏季日照較長的黃河流域推進，而在南方當地，就可一年種植兩季以至三季。比如明代出現的三季稻就是。

從宋代至清代，雙季間作稻一直是福建、浙江沿海一帶的主要耕作制度；雙季連作稻的比重很小。太湖流域從唐宋開始在晚稻田種冬麥，持續至今。

歷史上逐步形成的上述耕作制度，是中國稻區複種指數增加、糧食持續增產，而土壤肥力始終不衰的原因。

原始稻作分化出旱稻和水稻以後，水稻最初是直播。南北都一樣。至於育秧技術的發明和應用，則原因不同。北方的育秧移栽，出於減輕草害，南方的育秧移栽雖然同樣有減輕草害的作用，卻與複種制的發展有密切關係，特別是多熟制發展後，移栽是解決季節矛盾的有效措施。

水稻的灌溉用水最初是利用天然的河流，透過開挖大小溝渠、坡塘蓄水、用堤防止外水侵入等措施，開闢成可種稻的稻田，已經是相當完善的農田水利工程。比如典型的是都江堰，已經使用了兩千多年，是四川糧倉的水源保證。

水稻生產的重點在南方，秦漢時期南方未充分開發，所以水利興修多以北方為主，到唐宋以後，全國經濟重心移至長江流域，人口增加，稻田開闢，水利條件的保證也隨之很快發展。此外，古人在田高水低的地方用翻車、筒輪、戽斗、桔槔等灌溉工具。

關於稻田的灌溉技術，早在西漢《氾勝之書》中即有精闢的敘述：稻苗在春季天氣尚冷時，水溫保持暖一些，讓田水留在田間，多曬陽光，所以進水口和出水口要在同一直線上。夏天為了防止水溫上升太快，讓進水口與出水口交錯，使田水流動，有利於降溫。

關於水田施肥的論述首見於南宋農學家陳旉的《陳旉農書》。其中認為地力可以常新壯、用糞如用藥以及要根據土壤條件施肥等論點，至今仍有指導意義。

在水稻施用基肥和追肥的關係上，歷代農書都重基肥，因為追肥最難掌握。但長時期的實踐經驗使古代農民逐漸創造了看苗色追肥的技術，這在明末《沈氏農書》中有詳細記述。

古代人民對水稻病害有一定的認識，從實踐中也摸索積累了各種有效的防治措施。一般從栽培措施、藥劑防治和生物防治三方面著手。

在栽培措施方面，一是實行輪作，這是最簡單有效的減少病蟲的辦法。早在《齊民要術》種水稻篇中即指出：種稻沒有什麼訣竅，只要年年輪換田塊就好了。

二是烤田防蟲，烤田就是在水稻分蘖末期，為控制無效分蘖期並改善稻田土壤通氣和溫度條件，排干田面水層進行曬田的過程。這樣土壤水分減少，促使植物根向土壤深處生長，有利於植物生長發育。

從防蟲角度而言，烤田使水分供應減少，地上部的生長受到抑制，改變了稻株光合作用產物運轉的方向，即向莖和葉鞘內集中，增加半纖維素的含量，不利於害蟲的繁殖。

三是選用抗性品種。比如種植多芒的品種防止鳥獸為害。明末江蘇《太倉州方志》中載有一個綠芒品種，名「哽殺蟛蜞」，雖無文字說明，從取名上可知是一個適於塗田種植不怕蟲鳥嚙食的抗避品種。

藥物防治一是煙莖治螟。菸草在明代傳入中國南方，以後很快傳遍各地。農民在種植菸草中，發現煙莖及葉有殺蟲的作用，因而試用於稻螟，效果很好，於是不脛而走，推廣得很快。

二是菜油治蟲。用菜油治蟲始見於宋代。西元一一八零年八月，蘇州鬧蟲災，蟲聚於禾穗上，當地農民以菜油灑之，一夕大雨，盡除之。到清末民初，農民遂用石油代菜油治蟲，直至現代農藥出現為止。

三是石灰治蟲。以石灰作為治蟲的藥物也始見於宋代。南宋陳旉《農書》提到在播種前「搬石灰於渥泥之中，以去蟲螟之害」。是石灰治蟲的最早記載。

生物防治在中國有久遠歷史。水稻害蟲的天敵，古人加以利用的有數種。

一是青蛙。稻田養蛙以消除蟲害，是被古人運用了很久的辦法。

二是養鴨治蟲。利用放鴨到稻田治蟲始見於明代廣東、福建兩省。據說以鴨捕蝗與人力捕蝗比較「一鴨較勝一夫」，「四十隻鴨，可治四萬之蝗」。

三是保護益鳥。歷史上蝗災頻繁，古人早已觀察到有一些鳥類撲食蝗蟲的現象，於是對益鳥進行保護。歷朝歷代不乏政府提倡保護益鳥的例子。

古人對於水稻的收穫、脫粒也總結出一整套科學的辦法。明代文獻中說，割下的稻株，其莖稈中有相當營養的物質，還能繼續往稻穀中輸送，可以提高果實的飽滿度。

歷來打穀所用的工具因農家財力、規模大小而異。小規模的脫粒都用稻簟，這是用竹篾編制的長方形竹蓆。另一種普遍使用的打穀工具是連耞，古代單稱棉。最早記載見諸《國語·齊語》：「權節其用，耒耜枷芟。」

以上所述為水田育秧栽培的一季稻，是最普遍的稻作。此外，還有旱稻、再生稻、間作稻、連作稻、混播稻、浮水稻等特殊栽培方式。古人在這方面也有豐富的經驗，體現了先民的智慧。

閱讀連結

陶淵明做彭澤縣令時，官俸不高。他一不會搜刮，二不懂貪汙，生活過得並不富裕。好在當時官府還撥給官員三頃「公田」以充作俸祿，陶淵明就想把三百畝職田全都種上釀酒的秫子，好讓自己每一天都有酒喝。可妻子竭力反對，不得已只得使每頃田中的五十畝種稻，五十畝種秫子。

其實，陶淵明有他自己的想法。他認為教會兒子們種田比為他們積蓄多少糧食都管用。他願所有的人都能友好相處，共同分享生活的樂趣，只有與大家喝酒才有意義。

小麥種植面積的推廣

■五穀圖中所繪的小麥

小麥是現今世界上最重要的糧食作物，在中國，其重要性也僅次於水稻。小麥起源於西亞，大約距今五千年左右進入中國。

經過漫長的旅程，小麥逐漸適應了中國的土壤環境，成為外來作物最成功的一個。在中國農耕文明進程中扮演了重要的角色。

小麥自出現在中國後，經歷了一個由西向東，由北而南的推廣過程，直至唐宋以後才基本上完成了在中國的定位。

小麥的推廣改變了中國糧食作物種植結構，也改變了國人的食物習慣。

小麥在中國古代的推廣始自西北，它經歷了一個自西向東、由北向南的歷程。有關考古遺址中有二十四處屬於新疆，其中新石器時期至先秦時期的十二處中，新疆就有六處。說明新疆在中國麥作發展初期的中心地位。

新疆近鄰中亞，小麥最先就是由西亞透過中亞，進入到中國西部的新疆地區。時間當在距今五千年左右，後又進入甘肅、青海等地，甘肅省民樂縣東灰山遺址中出土了距今約四千多年的包括小麥在內的五種作物種子。

古文獻中也有有關西部少數民族種麥、食麥的記載。如成書於戰國時代的《穆天子傳》記述周穆王西遊時，新疆、青海一帶部落饋贈的食品中就有麥。

《史記·大宛列傳》等記載，中亞的大宛、安息等地很早就有麥的種植。《漢書·趙充國傳》和《後漢書·西羌傳》也都談到羌族種麥的事實。

商周時期，小麥已入中土。春秋時期，麥已是中原地區司空見慣的作物，一個人如果不能辨識菽麥，當時成為了沒有智慧的笑柄。此時，麥已然成為當時各個諸侯爭霸戰中最重要的物資。產麥區也成為策略要地。

據《左傳》的記載，當時的小麥產地主要有現在河南溫縣西南的溫，現在河南東部和安徽北部一帶的陳，現在山東北部、東部和河北的東南部的齊，現在山東南部的魯，還有地跨黃河兩岸的晉。但據遺址發現的碳化小麥，實際的產地要超出史書的記載。

當時的小麥種植主要集中於各地城市的近郊區。這種情況到漢代仍然沒有改變，東漢經學家伏湛在給皇帝的疏諫中提到「種麥之家，多在城郭」。

小麥雖然自西而來，但漢代以前主產區卻在東方。《春秋》是春秋時期魯國的一部史書，書中所反映的麥作情況，與其說是春秋時期的情況，不如更確切地說是當時魯國的情況。

和魯國相鄰的是齊國，境內有濟水。《淮南子》中說，濟水宜於種麥，反映了當時齊魯一帶種麥的情況。事實上，春秋時期黃河下游的齊魯地區是小麥的主產區，也就是范蠡所著《范子計然》中所謂「東方多麥」。

這種狀況至少保留到了漢代，江蘇東海縣尹灣村西漢墓出土簡牘上有關於宿麥種植面積的記載，反映了西漢晚期當地冬小麥的播種面積情況。

春秋時期，小麥自身經歷了一個重大的轉變。當初小麥由西北進入中原之時，其最初的栽培季節和栽培方法可能和原有的粟、黍等作物是一樣的，即春種而秋收。

在長期的實踐中人們發現，小麥的抗寒能力強於粟而耐旱卻不如。如在幼苗期間，小麥在溫度低至攝氏零下五度時尚可生存。在播種期間，如果雨水稀少，土中水分缺乏，易受風害和寒害，故需要灌溉才能下種。

中國的北方地區，冬季氣候寒冷，春節乾旱多風。春播不利於小麥的發芽和生長，秋季是北方降水相對集中的季節，土壤的墒情較好。

適應這樣的自然環境，同時也為瞭解決粟等作物由於春種秋收所引起的夏季青黃不接，於是有了頭年秋季播種，次年夏季收穫的冬麥的出現。

冬麥在商代即已出現。據文獻反映，春秋戰國以前，以春麥栽培為主。到春秋初期，冬麥在生產中才露了頭角。冬麥的出現是麥作適應中國自然條件所發生的最大的改變，也是小麥在中國推廣最具有革命意義的一步。

冬麥出現的意義還不止於此。由於中國傳統的糧食作物多是春種、秋收，每年的夏季往往會出現青黃不接，引發糧食危機，而冬麥正好在夏季收成，可以造成緩解糧食緊張的作用，因此，受到廣泛的重視。

自戰國開始，主產區開始由黃河下游向中游擴展，漢代又進一步向西、向南大面積擴展。至晉代，小麥的收成直接影響國計民生。

小麥的推廣伴隨著種植技術的進步。冬小麥的出現，可以避免北方春季的乾旱，但對於總體上趨於乾旱的北方來說，秋季的土壤墒情雖然好於春季，但旱情還是存在的，更為嚴重的是，入冬以後的低溫也可能對出苗不久的幼苗產生危害。

為了防止秋播時的少雨和隨後冬季暴寒，以及春季的乾旱，古人除了興修水利強化灌溉和沿用北方旱作所採用的「區種法」等抗旱技術以外，也採取了一些特殊的栽培措施。如以物覆蓋麥田，掩其風雪，令麥耐寒耐旱而又籽粒飽滿。

這在西漢末年成書的《氾勝之書》中都有總結。在此基礎上，北魏賈思勰在《齊民要術》一書中又對包括小麥在內的北方旱地農業技術進行了全面的總結，代表著中國傳統的旱地耕作技術體系的形成，為小麥種植的發展奠定了堅實的技術基礎。

唐代以前，北方地區的小麥和粟相比，仍然處在次要的地位。在《齊民要術》中，大麥、小麥被排在了穀、黍、穄、粱、秫、大豆、小豆、大麻等之後，位置僅先於北土不太適宜的水稻。

唐初實行的賦稅政策中規定，國家稅收的主要徵收對象是粟，小麥則屬於雜糧之列。到了唐中後期，小麥的地位才上升到與粟同等重要的地位。

西元七百八十年所實行的「兩稅法」，已明確將小麥作為徵收對象。唐末五代農書《四時纂要》中所記載的大田作物種類與《齊民要術》相當，但有關麥類農事活動出現的次數卻是最多。

唐以後，北方麥作技術還在發展。至明末，燕、秦、晉、豫、齊、魯諸道，農作物中小麥的種植面積已經佔有一半。至此，小麥在中國北方的地位已經確立。

小麥在南方的推廣較之北方要晚許多，並且是在北方的影響下發展起來的。漢以前江南無麥作，三國時吳國孫權曾經嘗食蜀國使者費禕帶來的食餅。這是目前所知江南有麵食最早的記載。

江南麥作的開始時間在吳末西晉時期，這和中國歷史上第一次北方人口的南遷高潮是同步的。「永嘉之亂」後，大批北人南下，將麥作帶到了江南。

例如，在無數的南遷者中，有一名叫郭文的隱士，就曾隱居吳興餘杭大辟山中窮穀無人之地，區種菽麥，采竹葉木實，進行鹽的貿易以自供。

六朝時期麥作發展速度相對較快，種植面積較大的地區在建康周圍和京口、晉陵之間以及會稽、永嘉一帶，也與北方人口的聚集有關。東晉初年，晉元帝詔令徐、揚二州種植小麥、大麥、元麥這三麥。這是江南麥作之最早記載。

儘管麥食不受南方人的歡迎，但麥子已成為一部分南方人的糧食。南朝時的沈崇傣、張昭等人以久食麥屑或日食一升麥屑粥的方式向已故的親人行孝。

南朝的梁軍在與北朝齊軍交戰時，在稻米食盡之後，皆以麥屑為飯，用荷葉包裹，分而食之。這樣的例子在史書中所在多有。

唐宋時期，隨著國家的統一，人口流動頻繁，特別是唐「安史之亂」和宋「靖康之亂」以後，第二次和第三次北方人口南遷高潮的相繼出現，將麥作推向了全國。

唐代詩文中有不少南方種麥的記載，經前人的整理，南方種麥的區域主要有：岳州、蘇州、越州、潤州、江州、臺州、宣州、荊州、池州、饒州、容州、楚州、鄂州、湘州、夔州、峽州、雲南等地。

入宋以後，南方麥作發展得更為迅速。唐時被認為不宜於麥作的嶺南地區在北宋時也已有了麥的種植。宋室南遷後，小麥在南方的種植更是達到了高潮。

當時麥類作物中不僅有小麥和大麥，而且還有不同的品種。長江中游的湖南，嶺南的連州、桂林等地當時都有麥類種植。

南方原本以稻作為主，隨著麥作的發展，出現了稻麥複種的二熟制。另據史書記載，二熟麥收割後再有用麥田種晚稻的。淮南地區也出現了麥地種稻，稻田種麥的記載。

隨著麥作的發展，麥類在以水稻為主糧的南方地區的糧食供應中也開始造成舉足輕重的作用，其重要性僅次於水稻。

而二熟制已成稻農之家數月之食，二麥的豐收也因此稱作「小豐年」。麵粉成為人們的日常生活的必需品，曾經和牛、米、薪一道成為民間日用品，在交易中可以免稅。

技術的進步也在麥作向中國南方的推廣中扮演著重要的角色。南方種麥所遇到的困難和北方不同，其主要的障礙便是南方地勢低濕。因此，南方的小麥種植最先可能是在一些坡地上種植，因為這些地方排水較好。

此外，當稻麥複種出現之後，人們先是採用「耕治曬暴」的方法來排乾早稻田中的水分，再種上小麥，實現稻麥複種。到了元代以後，又出現了開溝整地技術，以後一直沿用，並逐漸深化，對於小麥在南方的推廣造成至關重要。

小麥在中國的推廣經歷了一個漫長曲折的過程，它的影響卻深遠而偉大。這種影響不僅表現在時間上的延續以及空間上的擴展，更反映在對中國原有作物種植及在糧食供應中的影響。

小麥在中國的推廣，使得中國本土原有的一些糧食作物在糧食供應中的地位下降，甚至是退出了糧食作物的範疇。這從中國主要糧食作物及其演變中便可以看出。

中國是農作物的起源中心之一。農業發明之初，當時種植的作物可能很多，故有「百穀」之稱。然而，最初的「百穀」之中，可能並不包括麥。而當「百穀」為「九穀」、「八穀」、「六穀」、「五穀」、「四穀」所代替時，其中必有麥。

起初，麥在糧食供應中的地位並不是那麼重要，當它的地位節節攀升的時候，與之一道並稱為「九穀」、「八穀」、「六穀」、「五穀」的一些穀物，卻紛紛退出糧食作物行列。

比如，麻在中國栽培已有近五千年的歷史，比小麥還早，其莖部的韌皮是古代重要的紡織原料，它的籽實，古代稱為苴，一度是重要的糧食之一，也因此稱為「穀」。

然而，這樣一種重要的糧食作物在後來卻慢慢地退出了主食的行列，到五穀或四穀時已不見其蹤影，特別到了宋代以後，人們只知有做蔬菜食用的茭白，成了被遺忘的穀物。

還有一些作物雖然還是糧食作物，並且是主要的糧食作物，但在糧食供應中的地位卻下降了。粟、黍在很長的時間裡都是中國北方首屈一指的糧食作物，然而入唐以後，粟、黍的地位開始發生動搖。

這在農書中得到反映，《齊民要術》所載的各種糧食作物的位置中，穀列於首位，而大麥、小麥和水、旱稻卻擺得稍後。《四時纂要》中則看不到這種差別，有關小麥的農事活動出現次數反而最多。

由此可見，麥已取代了粟的地位，成為僅次於稻的第二大糧食作物。這種地位形成之後，就是在玉米、甘薯、馬鈴薯等傳入中國之後也沒有被撼動。

小麥是外來作物中最成功的一種，受到了最廣泛的重視。這是它成功的原因，也是它成功的代表。中國歷史上種植的作物不少，而像麥一樣受到重視的不多。

從宋代到清代，政府對於能夠穩定南方小麥種植是非常重要的。上行下效，一些地方官也致力於小麥推廣，發佈文告，勸民種麥。經過長期共同努力，小麥在中國各地的推廣取得了成功。小麥的推廣不僅改變了中國人的糧食結構，也影響了中國人的飲食習慣。

閱讀連結

如果把宋代看作小麥經濟和水稻經濟的分水嶺，我們會發現，水稻接掌中國農業後，中國統　王朝的更迭週期比過去延長了。

從秦始皇建立中央集權的統一王朝開始算起，到北宋建立之前，中國一共經歷了十個朝代更迭，歷時一千一百八十餘年。而從北宋到清代滅亡，一共五個王朝，歷時九百五十餘年。

北宋以前朝代更迭頻繁，與黃河流域的小麥農業不無關係；北宋以後以長江流域的水稻生產作為帝國生存的基礎。顯然大大改善了帝國的健康狀態。

玉米的傳入和推廣

■玉米糧倉

玉米原產於南美洲，七千年前美洲的印第安人就已經開始種植玉米。此後，玉米成為世界上分佈最廣泛的糧食作物之一，種植面積僅次於小麥和水稻而居第三位。

大約在十六世紀中期，中國開始引進玉米，到了明朝末年，玉米的種植已達十餘省，如河北張家口的「玉米之鄉」，還有吉林、浙江、福建、雲南、廣東、廣西、貴州、四川、陝西、甘肅、山東、河南、安徽等地。

玉米原來叫玉蜀黍，原產於美洲。西元一四九二年，當義大利探險家哥倫布踏上美洲的一個島嶼時，就「發現了一種名叫麥茲的奇異穀物。它甘美可口，焙乾，可以做粉」。

哥倫布的這篇日記，曾被認為是世界上關於玉米的最早文字記載；學術界也曾經認為自哥倫布發現新大陸後，玉米才在世界上傳播開來。

事實上，中國引種玉米的時間，早於哥倫布發現新大陸的時間。明代名士蘭茂所著的《滇南本草》中，就有關於玉米的記載：「玉麥鬚，味甜，性微溫，入陽明胃經，通腸下氣，治婦人乳結紅腫或小兒吹著，或睡臥壓著，乳汁不通。」

蘭茂生於西元一三九七年，卒於一四七六年。即使不計算此前中國對玉米的認識和使用的過程，這一記載也早於哥倫布的日記。因此，中國玉米的引進當在哥倫布發現新大陸之前。

據學者研究認為，玉米傳入的路線有三條：一是從西班牙傳到麥加，再經中亞引種到中國西北地區；二是從歐洲傳到印度、緬甸，再傳入中國西南雲貴地區；三是從歐洲傳到菲律賓，再由葡萄牙人或中國商人經海路傳到中國福建、浙江、廣東等沿海地區。

玉米傳入中國後，就由華南、西南、西北向國內各地傳播。因為是新引入的作物，每在一地推廣，當地便給它取名字，因而玉米的異稱甚多。除稱「番麥」、「西天麥」、「玉蜀黍」外，還有「包穀」、「六穀」、「腰蘆」等名稱。

玉米在明代傳入之初，尚未列入穀物而被人們視為珍稀之物。如明末學者田藝衡在他的《留青日札》中記載了玉米，書中說：

御麥出於西番，舊名番麥，以其曾經進御，故曰御麥。

《留青日札》還對玉米的形狀進行了描述：

乾葉類稷，花類稻穗，其苞如拳而長，其鬚如紅絨，其粒如芡實，大而瑩白，花開於頂，實結於節，真異穀也。

田藝衡是錢塘人，當時錢塘一帶也有種植，他說「吾鄉傳得此種，多有種之者。」

中國各省府縣誌中保存著豐富的有關玉米的記載。玉米傳入後，首先是從山區開始種植的，到明代末年的西元一六四三年為止，玉米已經傳播到河北、山東、河南、陝西、甘肅、廣西、雲南等十省。還有浙江、福建兩省，雖則明代方志中沒有記載，但有其他文獻證明在明代已經栽培玉米。

玉米在中國的傳播可以分為兩個時期，由明代中期到明代後期是開始發展時期，明代後期這種農作物已傳播到全國近半數省區。到了清代前期，全國各省縣份多已種植。

清代玉米集中產區是中部的陝鄂川湘桂山區、西南的黔滇山區、東南的皖浙贛部分山區，華北和東北的玉米集中區主要在清後期至民國年間形成。

清初五十多年，至一千七百年為止，方志中記載玉米的比明代多了遼寧、山西、江西、湖南、湖北、四川六省。西元一七零一年以後，記載玉米的方志更多，至西元一七一八年為止，又增加了臺灣、貴州兩省。單就有記載的來說，從西元一五三一年至一七一八年的不到兩百年的時期內，玉米在中國已經傳遍二十個省。

根據中國各省最早的文獻記載，其年代的先後並不能代表玉米實際引種的先後，因為方志和其他文獻記載，常有漏載和晚載的。

比如廣西記載的玉米種植早於甘肅或雲南三十年左右，早於陝西六十多年，早於四川一個半世紀以上，早於貴州差不多兩個世紀。

江蘇記載的玉米種植也早於甘肅和雲南，浙江、福建、廣東都早於陝西，四川、貴州二十來年以上甚至達一個世紀以上。

玉米傳入中國後成為中國重要的糧食作物。這種新作物的引種和推廣，主要依靠廣大農民的試種和擴大生產。勤勞而敏慧的農民，一旦看到玉米是一種適合於旱田和山地的高產作物，就很快地吸收利用。

例如安徽西元一七七六年的《霍山縣誌》記載：

四十年前，人們只在菜圃裡偶然種一二株，給兒童吃，現在已經延山蔓谷，西南二百里內都靠它做全年的糧食了。

又如河北西元一八八六年的《遵化縣誌》記載，清代嘉慶年間，有人從山西帶了幾粒玉米種子來到遵化，開始也只是種在菜園裡，可到了光緒年間就成為全縣普遍栽培的大田作物了。可見發展的迅速。

中國本來有精耕細作的優良傳統，農業技術已有相當高的水平，所以引種以後能夠結合作物特性和當地條件，很快地掌握並提高栽培技術，並且培育出適合於當地的許多品種，創造出多種多樣的食用方法。

玉米剛引進栽培時，除山區外一般都用作副食品。由於玉米的適應性較強，易於栽培管理，且春玉米的成熟期早於其他春播作物，未全成熟前又可煮食，有利於解決糧食青黃不接的問題，因而很快成為山區農民的主糧。

十八世紀中期以後，中國人口大量增加，入山墾種的人日益增多，玉米在山區栽培隨著有很大發展。

由於商品經濟發展，經濟作物栽培面積不斷擴大，加以全國人口大幅度增殖，北方地區又限於水源，糧食生產漸難滿足需要，玉米栽培發展到平原地區。後來的玉米栽培總面積更多，在糧食作物中產量僅次於稻、麥、粟，居於第四位，再後位次又有提前。

在栽培技術方面，清代的知識分子張宗法所撰寫的綜合性農學巨著《三農紀》中說玉米「宜植山土」，並介紹了點播、除草、間苗等珍貴經驗。

《洵陽縣誌》中說山區種玉米，僅靠雨水維持玉米的生長，反映了當時栽培玉米不施肥料和粗放的管理措施。

隨著玉米栽培面積的繼續擴大，栽種技術才逐漸向精耕細作的方向發展。

在清代《救荒簡易書》中，已講到分別不同的土，應該施用不同糞肥和不同作物，以及玉米的宜忌和茬口等。

在長期的生產實踐中，各地農民還分別選育了不少適應各地區栽植的玉米品種。僅據陝西《紫陽縣誌》所記，該縣常種的玉米就有「象牙白」、「野雞啄」等多種。在東南各省丘陵、山區，玉米逐漸分化為春播、夏播和秋播三種類型。

此外，在田間管理、防治蟲害等各方面，也逐步取得了越來越成熟的經驗。到二十世紀，隨著現代農業科學技術的應用，玉米栽培又進入了新的發展階段。

總之，玉米的引進，解決了當時的一些社會問題，滿足了日益增長的人口對糧食的需求，擴大了土地播種面積，促進了農村畜牧業的發展。同時，玉米栽培技術也在實踐中逐步提高，為後來玉米在中國的增產增收打下了基礎。

閱讀連結

玉米是世界上分佈最廣的糧食作物之一，種植面積僅次於小麥和水稻。種植範圍從北緯五十八度至南緯四十度。世界上每一年的每個月都有玉米成熟。

中國從明代引進玉米後，經過數年發展，目前種植地區主要集中在東北、華北和西南地區，大致形成一個從東北到西南的斜長形玉米栽培帶。

其中黑龍江、吉林、遼寧、河北、山東、山西、河南、陝西、四川、雲南等是主要省區。東北是中國玉米的主要產區，其中吉林是中國玉米生產第一大省，年產量近兩千萬噸。

古代高粱種植技術

■五穀圖中所繪的高粱

高粱也叫蜀黍，現在北方俗稱秫秫，在古農書裡也有寫作「蜀秫」或「秫黍」的。其實這些不過是一個名詞的不同寫法。

高粱是中國重要的旱糧作物。古人在高粱種植栽培上，注重與豆類等間作套種；遵循「種之以時，擇地得宜，用糞得理」原則，提倡早種早收，注重田間管理，倡導及時收穫。

高粱在中國種植很早。在山西萬榮縣荊村新石器時期遺址、遼寧省遼陽三道壕子西村、河南大河村新石器遺址、陝西長武縣碾子坡遺址先周文化層、甘肅民樂東灰山新石器時期遺址、遼寧省大連市大嘴子村落遺址等處，均發現了炭化的高粱。

根據考古發現，遼寧、河北、陝西、江蘇出土的炭化高粱子粒和莖稈推斷，證明西周至西漢期間，高粱已在中國許多地方種植並有相當產量。

北魏賈思勰《齊民要術》將高粱列於「五穀、果蓏、菜茹非中國物產者」中，這裡的「中國」指中國北方地區，即北魏的疆域，主要指漢水、淮河以北，不包括江淮以南。

以後的有些農書更進一步認為，高粱始種於蜀地。因此，高粱原產中原地區的可能性不大，原產中國東北地區、西南少數民族地區的可能性較大。

在高粱被馴化栽培後，並沒有如粟、麥等大宗作物那樣得到大規模地栽培種植，只在局部地區如遼寧、河北、陝西、江蘇、四川等地種植。

高粱在古代種植面積小、種植區域分散，使得高粱的命名帶有明顯地域性，增加了名稱的複雜性。而又因其形類稷、粱等，在古代高粱就被冠以紛繁複雜的名稱。

高粱的古名多達二十餘種，對於古代高粱的名稱，農史學界、考古學界長期以來見仁見智，眾說紛紜，尚無定論。造成名稱複雜多樣主要原因是古代高粱種植面積小、種植區域分散。

高粱名稱多，也從另一個角度說明，它在古代的種植範圍是比較廣泛的。在高粱種植過程中，古代農民取得了豐富的經驗。

在高粱輪作茬口的搭配上，清代祁寯藻《馬首農言》說，高粱多在去年豆田種之。清代農工商部編的《棉業圖說》指出，在種棉之地先種高粱及蠶豆，次年再行種棉，棉花與高粱輪作，不僅能使棉花佳美豐收，又能以收穫的高粱供農夫牲畜之需用。

《棉業圖說》還對棉花與高粱輪作作了規劃：凡種棉者，宜將田地劃分甲乙兩區，第一年以甲種棉，以乙種高粱、蠶豆。次年則以乙種棉，以甲種高粱、蠶豆。逐年輪流。可見高粱的最好前茬是豆類，而高粱是禾本植物，其鬚根僅吸地面之肥，因此是棉的理想前茬作物。

古代高粱在北方種的比較多，在南方為備荒也種植高粱，不過高粱一般不能在桑間種植。《農桑輯要》認為，桑間種植高粱，兩者梢葉叢雜，就會導致都長不好。

高粱對土壤適應能力較強，有較強的抗逆性，抗旱、抗澇、耐鹽鹼、耐瘠薄、耐高溫和寒冷等，無論在鬆散的沙壤土上還是在黏重的土壤上均可栽培。不過栽種高粱的土壤不宜過濕。

清代張宗法的《三農紀》和清代王汲的《事物會原》等許多農書，都認為高粱不宜種在地勢低窪的地方。清代何剛德《撫郡農產考略》說：「宜肥地，堅地，平原，曠野俱可種。」

總之在土壤選擇上，以種在肥沃疏鬆、排水良好的壤土或沙壤土最為適宜。並應根據不同種類高粱的特性，選用相宜的田土，遵循「擇地得宜」原則。

在耕種時間上，高粱的種植要因地制宜，不同高粱品種有不同的播種時令。清代郭雲升所撰《救荒簡易書》對此作了詳細記載：「黑子高粱二月種」，「白子高粱三月種」，「快高粱三月種」，「凍高粱十月種」。

此外，清代農書還記載了當時比較普遍的高粱播種方式，如「耬種」、「點種」、「穴種」等。強調在播種過程中稀疏得當，適當密植。這些記載，說明到了清代，中國高粱播種技術已經日臻成熟，對後世高粱種植也有指導意義。

在高粱的施肥、田間管理與收穫儲存方面，古人也取得了豐富的經驗。

高粱對肥料的反應非常敏銳，且吸肥力很強，因此施肥可以顯著提高其產量。清代楊鞏《中外農學合編》記載：

蜀黍消耗地力，略似玉蜀黍。不可連栽，肥料必須多施尤。

清代丁宜曾《農圃便覽》也說：「以糞多為上，踏實，風不侵，則苗旺」，肥料不足則會「雉尾短，粒亦細小」。高粱注重於基肥，因此在肥料的選用上宜用基肥。

為了使高粱在不同生育期中皆能獲得充足的養分，除施用大量的基肥外，在生育期中更須施用追肥。清代何剛德《撫郡農產考略》認為，宜耘四五次，用肥五六次，每畝地需肥二十餘石，但用量不宜重，「肥料追肥，則只用稀薄糞尿」。此外，清代相關資料還詳細說明了糖高粱種植的施肥種類、用量等。

對於高粱的田間鋤草及間苗，古人認為應注意中耕除草，去弱留強。清張宗法《三農紀》論及高粱植藝時說：「苗生三四寸鋤一遍；五六寸鋤一遍；七八寸再鋤以壅根。留強者，去弱者。苗及尺餘，再耘耨，且耐旱，不畏風雨。」總之，鋤不厭多，多則去草且易熟。

因高粱幼苗頂土能力差，應多鋤破除土壤板結層；並且注重去弱留強，把良苗留，中耕時還要摘除歧枝。

對於高粱的收穫儲存，古人也有經驗。高粱生育期在一百天左右，一般以穗色判斷其是否成熟。古人對於高粱成熟的生物學特徵描述，如《馬首農言》說「熟以色之紅紫為驗」。高粱成熟後應及時收穫，久留不刈會引起大量落粒損失。

為便於高粱收穫，清楊鞏《中外農學合編》提出：「成熟之前，宜四五莖一束，可免倒僕」。高粱收穫時，因其莖高丈許，在古代收割時，成束攢起，一手攬住，一手持鐮收割，這個方法至今也在用。收穫後高粱穗子要離開地面懸空擺放，充分晾曬乾燥，達到一定水分標準時脫粒。

收穫的高粱在古代一般經人工敲打脫粒，脫粒後的籽粒也要充分曬乾入庫。高粱儲存時切忌雨濕。

經過古代農民和後來者的長期努力，高粱已經形成東北和華北主產區，成為了僅次於稻、小麥、玉米、甘薯的糧食作物。

閱讀連結

高粱在世界範圍內分佈很廣，形態變異多。高粱是中國最早栽培的禾穀類作物之一。有關高粱的出土文物及農書史籍證明，最少也有五千年歷史了。

中國高粱的起源和進化問題，有兩種說法：一說由非洲或印度傳入，一說是中國原產。因為高粱在中國經過長期的栽培馴化，漸漸形成獨特的中國高粱群。中國高粱葉脈白色，穎殼包被小，易脫粒，米質好，分櫱少，氣生根發達，莖成熟後髓部乾涸，糖分少或不含糖分等。

古代對大豆的栽培

■五穀圖中所繪的菽麥

大豆雖不是禾本科，也還是用它的籽粒當糧食，所以在談古代農作物，尤其是糧食作物時，大豆還是很重要的。

中國是大豆原產地。在大豆栽培實踐中，中國先民在從野生大豆開始培育優良品種，總結和發展大豆栽培技術等方面，都取得了巨大成就。並透過對外傳播，對世界各國的大豆種植做出了貢獻。

中國是世界公認的大豆起源中心。大豆產於中國，可以從中國大量的古代文獻中得到證明。

商代已有大豆栽培。商代主要的農作物，如黍、稷、粟、麥、秕、稻、菽，即大豆等都見於甲骨文卜辭。從殷商時期的甲骨文中，專家已經辨別出在農作物方面有黍、稷、豆、麥、稻、桑等，是當時人們主要依以為生的作物。

中國最早的一部詩歌集《詩經》收有西周時代的詩歌三百餘首，其中多次提到「菽」。如《豳風·七月》有「黍稷重，禾麻菽麥」。由《詩經》來看，中國栽培大豆已有三千年左右的歷史。

西漢史學家司馬遷在《史記》的頭一篇《五帝本紀》中說，軒轅帝為修德振兵，採取的重要措施之一就是「藝五種」，這「五種」就是黍稷菽麥稻，菽就是指大豆，由此可見，軒轅黃帝時已種植大豆。

根據在長沙出土的漢墓文物中有大豆一事，說明兩千年前在中國南方已有大豆種植。《宋史·食貨志》記載，宋時江南一帶曾遇饑荒，從淮北等地調運北方盛產的大豆種子到江南種植。從西漢農學家氾勝之的《氾勝之書》可以看出，兩千多年前大豆在中國已經到處栽培。

除了古代文獻，考古發掘方面的發現，也證實了大豆原產於中國。

於山西省侯馬縣發現大豆粒多顆，根據測定，距今已有兩千三百年，係戰國時代遺物，黃色豆粒，百粒重約十八克至二十克。這是迄今為止世界上發現最早的大豆出土文物。它直接證明當時已有大豆種植。

於洛陽燒溝漢墓中出土的兩千年前的陶制糧倉上，有用硃砂寫的「大豆萬石」字樣。同時出土的陶壺上則有「國豆一鐘」字樣，都反映了中國種植大豆的悠久歷史。

此外，長沙出土的西漢初年馬王堆墓葬中，也發現有水稻、小麥、大麥、粟、黍、大豆、赤豆、大麻子。

根據古代文獻、考古文物等證明，栽培大豆起源於中國數千年前。最早栽培大豆的地區在黃河中游，如河南、山西、陝西等地或長江中下游。

從商周到秦漢時期，大豆主要在黃河流域一帶種植，是人們的重要食糧之一。當時的許多重要古書如《詩經》、《荀子》、《管子》、《墨子》、《莊子》裡，都是菽粟並提。

《戰國策》說：「民之所食，大抵豆飯藿羹。」就是說，用豆粒做豆飯，用豆葉做菜羹是清貧人家的主要膳食。

先秦時期還用大豆製成鹽豉，通都大邑已有經營豆豉在千石以上的商人，表明消費已較普遍。另外也有將大豆用作飼料的。

到了漢武帝時，中原地區連年災荒，大量農民移至東北，大豆隨之引入東北。東北土地肥沃，加上農民世世代代的精心選擇和種植，大豆就在東北安家落戶。據《氾勝之書》記載，當時中國大豆的種植面積已佔全部農作物的十分之四。

西漢以後，大豆利用更趨廣泛。漢初已用大豆合麵作醬。湖南長沙馬王堆西漢墓出土的竹簡上有「黃卷一石」字樣，「黃卷」即今黃豆芽的古稱。

秦漢時期眾多醫學家總結編纂的《神農本草經》中，也提到大豆黃卷，可能指早期作為藥用的豆芽乾製品。以後鮮豆芽即作為蔬菜。北魏賈思勰在《齊民要術》引述古籍《食經》中的「作大豆千歲苦酒法」，苦酒即醋，說明很早就用大豆作製醋原料。

這些記載都說明，漢代以後，中國北方的大豆逐漸成為蛋白質來源的副食品之一。

利用大豆榨油，大概在隋、唐以後。宋代著名文學家蘇軾《物類相感志》稱「豆油煎豆腐，有味」以及「豆油可和桐油作艌船灰」，是有關豆油的最早記載。豆油之外的豆餅則被用作飼料和肥料。

明代《群芳譜》、《天工開物》和清初《補農書》中有用大豆餵豬和肥田的記載，但一般僅限於「豆賤之時」。

明末清初葉夢珠在《閱世編》指出：

豆之為用也，油、腐而外，餵馬溉田，耗用之數幾與米等。

可見當時大豆已成為最重要的作物之一。

關於豆腐的發明，相傳是始於漢代淮南王劉安。河南密縣打虎亭東漢墓出土的線刻磚上，有製作豆腐全過程的描繪。

栽培大豆是從野生大豆經過人工栽培馴化和選擇，逐漸積累有益變異演變而成的。

從野生大豆到栽培大豆有不同的類型。從大豆粒形、粒大小、炸莢性、植株纏繞性或直立性等方面的變化趨勢，可以明顯地看出大豆的進化趨勢。

一般野生大豆的百粒重僅為兩克左右，易炸莢，纏繞性極強。半野生大豆百粒重為四克至五克，炸莢輕，纏繞性也較差。

從半野生大豆到栽培大豆間還存在不同進化程度的類型。用栽培大豆與野生大豆進行雜交，其後代出現不同進化程度的類型，介於野生大豆和栽培大豆之間。這也可以間接地證明栽培大豆是從野生大豆演變而來的。

野生大豆是大豆的祖先。中國古代先民對野生大豆經過培育後，開始廣泛種植，遍佈全國南北各地。

西周、春秋時，大豆已成為僅次於黍稷的重要糧食作物。戰國時，大豆與粟同為主糧。但栽培地區主要在黃河流域，長江以南被稱之為「下物」，栽種不多。

兩漢至宋代以前，大豆種植除黃河流域外，又擴展到東北地區和南方。當時西自四川，東迄長江三角洲，北起東北和河北、內蒙古，南至嶺南等地，已經都有大豆的栽培。

宋代初年為了在南方備荒，曾在江南等地推廣粟、麥、黍、豆等，南方的大豆栽培因之更為發展。與此同時，東北地區的大豆生產也繼續增長，記述金代史事的紀傳體史籍《大金國志》中，有女真人「以豆為漿」的記述。

清初關內移民大批遷入東北，又進一步促進了遼河流域的大豆生產。康熙年間開海禁，東北豆、麥每年輸上海千餘萬石，可見清初東北地區已成為大豆的主要生產基地。

中國古代農民早就對大豆根瘤有清楚的認識，因此，古人很早就使得大豆與其他作物進行輪作、間作、混種和套種。

在《戰國策》和《僮約》中，已反映出戰國時的韓國和漢初的四川很可能出現了大豆和冬麥的輪作。後漢時黃河流域已有麥收後換種大豆或粟的習慣。

從《齊民要術》記載中，可看到至遲在六世紀時的黃河中下游地區已有大豆和粟、麥、黍稷等較普遍的豆糧輪作制，南宋農學家陳旉在他的《農書》中，還總結了南方稻後種豆，有「熟土壤而肥沃之」的作用。其後，大豆與其他作物的輪作更為普遍。

北魏賈思勰在《齊民要術》中，介紹了大豆和麻子混種，以及和穀子混播作青茭飼料的情況。宋元間的《農桑要旨》說桑間如種大豆等作物，可使「明年增葉分」。

明末科學家徐光啟的《農政全書》，也說杉苗的「空地之中仍要種豆，使之二物爭長」。

清代舉人劉祖憲的《橡繭圖說》也說，橡樹「空處之地，即兼種豆」，介紹的是林、豆間作的經驗。清代《農桑經》說：大豆和麻間作，有防治豆蟲和使麻增產的作用。

古代對豆地的耕作和一般整地相仿，但因黃河流域春旱多風，多行早秋耕，以利保墒、消滅雜草和減輕蟲害。同時對大豆雖能增進土壤肥力但仍需適當施肥、種豆時用草灰覆蓋可以增產等也早已有所認識。

總之，大豆和其他作物的輪作或間、混、套種，以豆促糧，是中國古代用地和養地結合，保持和提高地力的寶貴經驗。

在大豆栽培技術方面，古人主要注意到了兩點，一是種植密度，二是整枝。

關於種植密度，東漢大尚書崔寔作的《四民月令》指出「種大小豆，美田欲稀，薄田欲稠」，因為肥地稀些，可爭取多分枝而增產，瘦地密些，可依靠較多植株保豐收。直至現在一般仍遵循這一「肥稀瘦密」的原則。

整枝是摘除植株部分枝葉、側芽、頂芽、花、果等，以保證植株健壯生長發育的措施，有時也用壓蔓來代替。

在文獻上對此記載較遲，清代張宗法撰寫的《三農紀》提到若秋季多雨，枝葉過於茂盛，容易徒長倒伏，就要「掐其繁葉」，以保持通風透光。間接反映了四川種植的是無限結莢型的大豆。

大豆在長期的栽培中，適應南北氣候條件的差異，形成了無限結莢和有限結莢的兩種生態型。北方的生長季短，夏季日照長，宜於無限結莢的大豆；南方的生長季長，夏季日照較北方短，適於有限結莢的大豆。

中國的大豆曾經傳到世界上的許多國家。中國很早以前就與朝鮮在經濟文化上有頻繁交往。戰國時期，燕齊兩地人民和朝鮮即有交往，由此大豆傳入朝鮮。

秦漢的大一統，各地間交流的加快，以及人口的快速增長造成對五穀需求的加大，這都為大豆在中國境內的擴散提供了空前的便利。同時，改良的大豆品種，也開始傳播到與中國臨近的地區，如朝鮮半島和日本島等。

中國大豆大約於西元前兩百年自華北引至朝鮮，後由朝鮮引至日本。日本南部的大豆，可能在三世紀直接由商船自華東一帶引入。在以後的相當長一段時期，栽培大豆的分佈格局沒有變化。

直至十七世紀末，隨著國際間貿易和交往的繁榮，大豆開始被南亞以及亞洲以外的人所認識並種植，最終大豆擴散到歐洲、南美和北美等地區，並最終形成了後來的分佈格局。

大豆現已成為除水稻、小麥和玉米 3 種糧食作物之外產量最多的農作物，也是世界上經濟意義最大的一種豆科作物。

閱讀連結

豆類泛指所有產生豆莢的豆科植物；同時，也常用來稱呼豆科的蝶形花亞科中的作為食用和飼料用的豆類作物。在成百上千種有用的豆科植物中，至今廣為栽培的豆類作物近二十種。

大豆在豆類作物中蛋白質含量居首位，為重要的蛋白質和油料作物。用大豆製成的豆腐、豆芽和醬油是中國極普遍的副食品。

豆油除供食用外，可制油漆、肥皂、甘油、潤滑油，還可制人造羊毛，又為醫藥原料。大豆榨油後的麩餅均為優質飼料和肥料。

甘薯的引種和推廣

■蕃薯

甘薯的食用部分是肥大的塊根，這一點和穀類截然不同。甘薯是中國主要糧食之一。

甘薯在明代的文獻中稱為「白蕷」「紅蕷」「紫蕷」「蕃薯」「金薯」「蕃柿」「白薯」「蕃薯」「紅山藥」等。

原產南美洲的墨西哥和哥倫比亞一帶，西元一四九二年哥倫布航海至美洲後逐漸傳播到歐洲和東南亞。

明萬曆年間，甘薯傳入中國的廣東、福建等地，而後向長江、黃河流域及臺灣等地傳播，並很快在全國大量種植。

甘薯傳入中國，其傳入和推廣的途徑是錯綜複雜的。有一個說法是要歸功於廣東東莞人陳益。

據《陳氏族譜》記載，陳益於西元一五八零年隨友人去安南，當地酋長以禮相待，每次宴請，都有味道鮮美的甘薯。但安南當地法例，嚴禁薯種出境。陳益就以錢物買通了酋長手下的人，在他們的幫助下得到薯種，於西元一五八二年帶回國。

陳益將甘薯種先在花塢裡時行繁殖，繼而在祖塋地後購地三十五畝，進行擴種。因薯種來自番邦，故名為「蕃薯」。

自此之後，蕃薯種植遍佈天南，成為人們的主要雜糧。陳益臨終時曾經遺書後人，囑咐每逢祭奠，祭品中必要有蕃薯，陳氏後人代代遵循。

關於甘薯的傳入還有一個說法。明萬曆初年，福建長樂人陳振龍到呂宋，即菲律賓經商，看到甘薯，想把它傳入祖國以代糧食。但當時的呂宋不準薯種出國，陳振龍就用重價買得幾尺薯藤，於西元一五九三年五月帶回祖國。

陳振龍的兒子陳經綸向福建巡撫金學曾推薦甘薯的許多好處，並在自家屋後隙地中試栽成功。金學曾於是叫各縣如法栽種推廣。第二年遇到荒年，栽培甘薯的地方以甘薯為食，減輕了災荒的威脅。

至此以後，陳經綸的孫子陳以桂便把它傳入浙江鄞縣，陳以桂的兒子陳世元又將薯種傳入山東膠州，陳世元的長子陳雲、次子陳燮傳種到河南朱仙鎮和黃河以北的一些區縣，三子陳樹則傳種到北京的齊化門外、通州一帶。其中陳世元還著有《金薯傳習錄》。

為了紀念金學曾、陳振龍、陳經綸、陳世元等人的功績，人們在福州建立「先薯祠」，以示懷念。

也有人說甘薯是先從呂宋傳入泉州或漳州，然後向北推廣到莆田、福清、長樂的，說法不一。當時福建人僑居呂宋的很多，傳入當不止一次，也不止一路。

廣東也是迅速發展甘薯栽培的省份，在明代末年已和福建並稱。傳入途徑也不止一路，其中有自福建漳州傳來的，也有從交趾傳來的。

據載，當時交趾嚴禁薯種傳出，守關的將官私自放醫生林懷蘭過關傳出薯種，而自己投水自殺。後人建立蕃薯林公廟來紀念林懷蘭和那個放他的關將。

江浙的引種開始於明代末年。著名農學專家徐光啟曾作《甘薯疏》大力鼓吹，並多次從福建引種到松江、上海。到清代初年，江浙已有大量生產。

其他各省，明代栽培甘薯沒有記載，清代乾隆以前的方志，有臺灣、四川、雲南、廣西、江西、湖北、河南、湖南、陝西、貴州、山東、河北、安徽諸省有甘薯的記載。

這些記載未必能代表實際的先後次序，因為常有漏載、晚載。根據有記載的來說，福建、廣東、江蘇、浙江四省在明代已有栽培，其他關內各省、除山西、甘肅兩省外，都在清初的一百餘年間，也就是西元一七六八年以前，先後引種甘薯。

大體說來，臺灣、廣西、江西可能引種稍早；安徽、湖南緊接在江西、廣西之後；雲南、四川、貴州、湖北也不晚，山東、河南、河北、陝西或者稍晚，但相差不會太久。

甘薯傳入後發展很快，明代末年福建成為最著名的甘薯產區，在泉州每斤不值一文錢，無論貧富都能吃到。在清初的百餘年間，甘薯先後在不少地區發展成為主要糧食作物之一，有「甘薯半年糧」的說法。

甘薯是單位面積產量特別高的糧食作物，畝產幾千斤很普通。而且它的適應性很強，能耐旱、耐瘠、耐風雨，病蟲害也較少，收成比較有把握，適宜於山地、坡地和新墾地栽培，不和稻麥爭地。這一些優點，強烈地吸引著人們去發展它的栽培。

這種發展不是輕易得來的。不少傳說中曾談到某些外國不準薯種出國，我們先人則想方設法引入國內。這些傳說雖然不一定可靠，但是古代交通不便，從外國引種確實有一定困難的。若不是熱愛鄉土，關心生產和善於接受新事物，是不會千方百計地把薯種傳入國內的。傳入後並不自私，有的還盡力鼓吹推廣。

由於很多人的辛勤勞動，甘薯在中國種植的範圍很廣泛，南起海南省，北到黑龍江，西至四川西部山區和雲貴高原，均有分佈。

根據甘薯種植區的氣候條件、栽培制度、地形和土壤等條件，一般將全國的甘薯栽培劃分為五個栽培區域：北方春薯區、黃淮流域春夏薯區、長江流域夏薯區、南方夏秋薯區和南方秋冬薯區。

全國各薯區的種植制度不盡相同：北方春薯區一年一熟，常與玉米、大豆、馬鈴薯等輪作。黃淮流域春夏薯區的春薯在冬閒地春栽，夏薯在麥類、豌豆、油菜等冬季作物收穫後插栽，以二年三熟為主。

長江流域夏薯區甘薯大多分佈在丘陵山地，夏薯在麥類、豆類收穫後栽插，以一年二熟最為普遍。南方夏秋薯區和南方秋冬薯區，甘薯與水稻的輪作制中，早稻、秋薯一年二熟佔一定比重。

北迴歸線以南地區，四季皆可種甘薯，秋、冬薯比重大。旱地以大豆、花生與秋薯輪作；水田以冬薯、早稻、晚稻或冬薯、晚秧田、晚稻兩種複種方式較為普遍。

甘薯在國內各地區之間的傳播、馴化的過程中，人們摸索出一套適宜於所在地區的栽培技術，並先後在各地培育出許多品種。與此同時，聰明的古人還發明了甘薯的無性繁殖技術，解決了甘薯藏種越冬的問題。

甘薯越冬技術是古人經過長期實踐總結出來的。由於甘薯塊根包含很多水分，容易腐爛，各地就創造出各種保藏的方法。如曬乾成甘薯片、甘薯絲或粒子，曬乾磨粉或去渣製成淨粉，以及井窖貯藏鮮薯等。

人們還發現甘薯有許多的用途，既可用來釀酒、熬糖，又可以做成粉絲等各種食品。所有這些，突顯出古代農民的勤勞和無窮智慧。

閱讀連結

乾隆皇帝晚年曾患有老年性便祕，太醫們千方百計地為他治療，但總是療效欠佳。

一天，他散步路過御膳房，一股甜香迎面撲來。原來是一個太監正在烤蕃薯。乾隆從太監手裡接過烤蕃薯，就大口大口地吃了起來。吃完後連聲道：「好吃！好吃！」此後，乾隆皇帝天天都要吃烤蕃薯。

不久，他久治不癒的便祕也不藥而癒了，精神也好多了。乾隆皇帝對此十分高興，便順口誇讚說：「好個蕃薯！功勝人蔘！」從此，蕃薯又得了個「土人蔘」的美稱。

棉花的傳入與推廣

■博物館內的棉花標本

棉花是最重要的經濟作物之一，棉花的原產地在印度河流域，從那裡開始傳播到世界各地。中國棉花栽培歷史悠久，約始於西元前八百年，中國是世界上種植棉花較早的國家之一。

棉花傳入中國之後，在不同的時代發展狀況也是不同的，從開始進入中國到各區域的種植有一個歷史的過程。棉花的種植在中國的農業史和經濟史上都有著重要的影響。

棉花原產於印度的印度河河谷。中國是世界上種植棉花較早的國家之一。據戰國時成書的《尚書》記載，中國戰國時期就有植棉和紡棉的。

《尚書·禹貢》中有「島夷卉服，厥篚織貝」之載，古今不少學者認為「卉服」就是指的棉布所制之衣，故作為沿海地區向不出產棉花的中原的貢品。

棉花傳入中國，大約有三條不同的途徑。一是印度的亞洲棉，經東南亞傳入中國海南島和兩廣地區。二是由印度經緬甸傳入雲南。這兩條路徑的時間大約在秦漢時期。三是非洲棉經西亞傳入新疆、河西走廊一帶，時間大約在南北朝時期。

棉花透過以上三條道路傳入中國之後，長期停留在邊疆地區，未能廣泛傳入中原。西元八百五十一年，著名的阿拉伯旅行家蘇萊曼在其《蘇萊曼東遊記》中，記述在今天北京地區所見到的棉花還是在花園之中作為「花」來觀賞的。唐宋的文學作品中，「白疊布」、「木棉裘」都還是珍貴之物。北宋末年棉布主要還是在嶺南地區生產的。

棉花傳入中國後，它的名字曾經有很多變化。宋元以前的文獻記載中，都是「古貝」、「吉貝」、「古終」、「白疊子」等字眼。

中國本來是沒有「棉」字，但有「綿」字，而「綿」是指絲綿，傳統意義上僅指天然蠶絲綿。中國的絲織業在古代是很發達的，由綿變為棉，可能在唐宋之間。

南宋中期以前，文字中已有「木」字旁的「棉」字了。而在北宋初，則應仍作「木棉」。明代著名藥物學家李時珍《本草綱目》對於木棉的釋名，也是「古貝」，書中記載：

木棉有兩種，似木者名古貝，似草者名古終，或作吉貝者，乃古貝之訛也。

可能是跟宋代的一些書籍記載有關。

事實上，棉花現在的名字是從宋末開始使用的，宋以前用的是它的古名字，到元朝是一個過渡，像元代的書中有的是「綿」，有的是「棉」，到了明朝的時候一般都用「棉」字，清代普及使用。

中國種棉初期及其地域，在入宋以後，閩南各地種棉的比較多。種棉業普及發展時期是從元開始的。元初提倡農業，詔修《農桑輯要》當時參與修纂之事者，如苗好謙、暢師文、孟祺等，都主張推廣種棉，他們大談種棉的好處。

元代初年，元世祖忽必烈詔置浙東、江東、江西、湖廣、福建木棉提舉司，可以看出當時對棉花種植的重視，自此棉之種植漸廣。

元政府大規模向人民徵收棉布實物，每年多達十萬匹，後來又把棉布作為夏稅之首，可見棉布已成為主要的紡織衣料。

元代王楨的《農書》注重推廣種棉花，詳細記錄了種棉的具體方法，也使得棉花在中國的種植進一步擴大，棉織品也進一步發展。

根據王禎《農書》記述：

一年生棉其種本南海諸國所產，後福建諸縣皆有，近江東、陝右亦多種，滋茂繁盛，與本土無異。

這說明一年生棉是從南海諸國引進，逐漸在沿海各地種植，進而傳播到長江三角洲和陝西等地的。

元初的黃道婆改革家鄉的紡織工具和方法，生產較精美的棉布，推動了上海一帶手工棉紡織業的興起，也對長江三角洲的植棉業發揮促進作用。這一時期棉花的栽培技術和田間管理也日趨進步。

到明代時大部分人知道了種棉的方法，這為棉花進一步普及奠定了基礎。明太祖朱元璋立國之初，即令民「田五畝至十畝者，栽桑麻棉各半畝；十畝以上倍之；又稅糧亦準以棉布折米」。可以看出當時政府對棉花種植的重視。

從明代科學家宋應星的《天工開物》中所記載的「棉布寸土皆有」，「織機十室必有」，可知當時植棉和棉紡織已遍佈全國。

明代經濟學家邱濬在《大學衍義補》中說，棉花「至我朝，其種乃遍佈於天下，地無南北皆宜之，人無貧富皆賴之。」

據明代農學家徐光啟《農政全書》記載「精揀核，早下種，深根短干，稀科肥壅」四句話，通稱為「十四字訣」，總結了明末及以前的植棉技術。

當時，長江三角洲已進行了稻、棉輪作，這樣就可以消滅雜草、提高土壤肥力和減輕病蟲害；很多棉田收穫後播種黃花苜蓿等綠肥，或三麥、蠶豆等夏收作物，創造了棉、麥套作等農作制，使植棉技術達到了新的高度。

明代晚期，種棉業不但普及全國，而且人們根據一些標準可以判斷它的優劣，知道選種的技巧。由於棉花的種植，使江南經濟走在全國的前面。棉花為明代的農業生產開創了新局面。

清代的棉花種植範圍進一步擴大，所種的面積也有所增大，價格也是很高的。經濟作物的種植受市場供需關係及價格上下的影響，棉花的價格高，種植就較多。當時凡是能適合種棉花的地方，都有棉花的種植，並且品種不一樣。

清代大規模引種陸地棉的是湖廣總督張之洞，他於西元一八九二年及一八九三年兩次從美國購買陸地棉種子，在湖北省東南十五縣試種。

明清時期植棉業主要分佈在三大區域：一是長城以南、淮河以北的北方區。包括北直隸、山東、河南、山西、陝西五省。明代山東、河南兩省產棉量最豐富，冠於全國。而清代則北直隸有很大發展。山西、陝西次之。

二是秦嶺、淮河以南、長江中下游地區。包括南直隸、浙江、湖廣、江西數省。其中以南直隸松江府產棉最富。湖廣、浙江稍次，江西又次之。長江三角洲南岸的松、蘇、常三府和北岸的泰州、海門、如皋都是重要產棉區。

三是華南、西南地區。包括兩廣、閩、川、滇，這裡是最早植棉區，但在明清時產量不高。

中國棉紡業的發展和歷史上各個時期棉花種植面積擴大與產量的提高，有著直接的關係。換言之，棉花的傳入和推廣，催生了中國棉紡業的產生和發展，在中國棉紡史上具有重要意義。

閱讀連結

明代科學家徐光啟，從小就有著的強烈好奇心。有一次，徐光啟看見自家棉田掛滿了棉花，心裡樂開了花。但他發現隔壁阿伯家的棉花比自己家的結得多、結得大，就偷偷地去看阿伯種棉花，卻看到一個老人掐掉自己棉田裡的棉桃。

他想弄明白這個問題，就去請教阿伯，「刨根問底」學了個清楚，還說服父親也採用這種科學的種棉方法，最後取得了豐收。

徐光啟長大後，就是憑著這種探索的精神，寫出了《農政全書》，被譽為古代農業的百科全書。

唐代以後的茶樹栽培

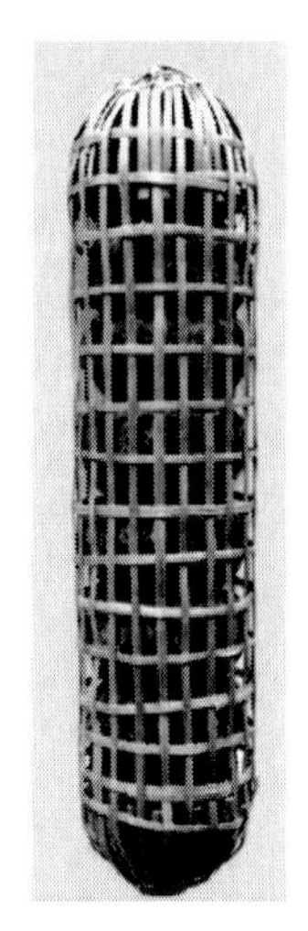

■博物館內的茶磚

中國古代的茶樹栽培，是茶葉生產史上第一次也是最有決定意義的一次飛躍。

中國茶樹栽培技術，實際是從陸羽《茶經》及其後的《四時纂要》始有記載的，尤其是《茶經》中的記載，是一個歷史性高起點，以至於以後相關文獻中對於茶樹栽培技術的記載，一般都是抄引《茶經》和《四時纂要》的內容。

因此，唐及其後茶樹栽培的各項具體技術，體現了中國古代在這一領域的最高成就。

從中國古籍記載的情況來看，中國古代對茶樹生物學特性的認識，主要也就是講茶樹對外界環境條件的要求。而這方面的記載，最早也是從唐代「茶聖」陸羽的《茶經》開始的。

陸羽在他的作品《茶經》的開篇就指出：「茶者，南方之嘉木也」；「其地，上者生爛石，中者生礫壤，下者生黃土」；「野者上，園者次……陰山坡穀者，不堪采掇。」

這幾句話的意思是說：茶，是中國南方的優良樹木；種茶的土壤，以岩石充分風化的土壤為最好，有碎石子的礫壤次之，黃色黏土最差；葉綠反捲的為好，葉面平展的次之……生長在背陰的山坡或山穀的品質不好，不值得採摘，因為它的性質凝滯，喝了會使人腹脹。

這些話，明確指出了茶的品質與外界環境條件有較大關係。

據《茶經》和唐末韓鄂的《四時纂要》載：種茶開坑以後，要「熟」保，兩年以後「耘治」，要用小便、稀糞和蠶沙澆壅；茶宜種在一定坡度的山坡，平地「須於兩畔開溝壟泄水」等。

從上面記載，我們不難看出，關於茶樹對外界環境條件的要求，至少在唐代時就認識到這樣幾點：茶樹是一種喜溫濕的作物，寒冷乾旱的北方不宜種植；茶樹不喜陽光直射，具有耐陰的特性；茶宜種於土質疏鬆、肥沃的地方，黏重的黃土不利茶樹生長；茶樹根系對土壤的通透性有一定的要求，耘治能促進茶樹生長；茶地要求排水良好，地下水位不能過高，更不能積水。

宋代關於茶樹對外界環境條件要求的記載，既多又具體。如北宋文學家蘇軾說「細雨足時茶戶喜」；北宋宋子安《東溪試茶錄》載：「茶宜高山之陰，而喜日陽之早」；南宋孝宗時人趙汝礪《北苑別錄》講，每年六月要鋤草一次。

這些記載，除蘇軾說明了茶樹特別在芽葉生長旺季，要求空氣中濕度要大以外，其他都只是對唐代提到的認識作些補充而已。宋以後的記載，多數是抄襲唐宋時的資料，當然在某些方面也有所發展。

茶樹原是野生樹，經先民馴化、栽培以後成為栽培種。在茶樹栽培和形成一定的茶樹栽培品種以後，人們對栽種的茶樹個體，漸漸就出現和產生按照社會需要來選優汰劣的活動和技術。

陸羽在《茶經》中，不但第一次提到了茶有灌木和喬木等不同品種，而且指出生長在「陰山坡谷」的茶樹，由於其生境有逆茶樹的植物學特性，品種不好，「不堪採掇」。但是，對茶樹品種及其性狀的系統介紹，還是到宋代宋子安的《東溪試茶錄》中，才明確提出。

《東溪試茶錄》仲介紹了七種茶名，包括白葉茶、柑葉茶、早茶、細葉茶、稽茶、晚茶、叢茶，並對這七種茶的形態特徵、生長特性、產地分佈、栽培要點和制茶品質進行了具體描寫。這是中國和世界上第一份也是整個古代有關茶樹品種最為詳細的調查報告。

不過，東溪沿岸栽種、生長的這些茶樹品種，不是人們有意識選擇的結果，一般只是對野生變異的一種發現和利用。

要講茶樹的繁殖，當從茶樹的栽培講起。中國古代最早種茶的情況已不清楚，從陸羽《茶經》「法如種瓜」的記載來看，唐代是採取叢直播，當時種瓜就是穴播，就是在地上挖坑把種子埋了。

另外說明唐代一般不用移植，但也不認為茶樹是不能移栽的。大概明代中期以前，中國種茶全部是採取直播法。

茶樹繁殖採用的直播和床播育苗移栽方法，都屬於有性繁殖。在古代技術條件下，有性繁殖容易自然雜交和產生變異，很難保持純良種性。

出於繁殖優良茶樹品種的需要，歷史上中國茶樹品種資源最多的福建，在清代首先發明了茶樹的壓條技術，來繁殖名貴茶樹品種了。

繁殖優良茶樹，是中國古代長期探求的目標，所以，一旦任何領域出現了一種能夠有效地繁殖優良樹種的方法，茶樹栽培就會及時加以吸收。

從文獻記載來看，中國花卉方面壓條繁殖的記述，最早見於《花鏡》「壓條」的記載。據此來推算，中國花卉的壓條技術，當產生於明代後期；而福建茶樹繁殖採用壓條，大概是明末清初從種花技術中移植過來的。

除壓條之外，清代茶樹良種繁育，還出現產生了茶樹的嫁接、扦插等無性繁殖和培育的方法。如福建「佛手種」，傳說即由安溪金榜鄉騎虎岩一僧人，以茶枝嫁接於香櫞樹而產生。其葉形似香櫞，且香味強烈。

再如插枝，也是清代始比較廣泛應用的無性繁殖技術。茶樹扦插的最早記載，見於康熙後期李來章的《勸諭瑤人栽種茶樹》的告示。他根據福建和其他地區漢人繁殖良種茶樹的經驗，在瑤區進行推廣。

插枝是最原始的成年粗莖扦插，常見於舊時農村用來繁殖楊樹和柳樹等許多樹種。用這種材料來繁殖茶樹，成活率是極低的。後來在實踐中，人們逐漸發現用當年生的枝條更易成活，於是廢棄粗枝改用當年枝條扦插，即「長穗扦插」。

福建不但是茶樹壓條、嫁接，也是扦插技術的創始和最早發展地區。稍有茶學知識的人都清楚，福建是中國茶樹品種資源最為豐富，也是中國古代最早採用無性繁殖來培育茶樹良種的地區之一。

據報導，在二十世紀初，僅安溪一縣，無性繁殖系的茶樹品種，就多達三四十種。除鐵觀音外，還有烏龍、梅佔、毛蟹、奇蘭、佛手、桃仁、本山、赤葉、厚葉、毛猴、墨香、騰雲等。

據估計，福建鄰省浙江的溫州、臺州、龍泉和江西的上饒一帶民間選育的黃葉早、烏牛早、清明早、藤茶、水古茶和大面白等民間無性繁殖系茶樹品種，就是向福建學習或由福建傳入無性系繁殖法之後出現的成果。

由此可見，中國古代茶樹栽培和繁殖，大部分時間和大多數地區，都是採用種子繁殖；無性繁殖是在清代主要是清末，而且大多又集中福建一地。

中國古代在留種和種子貯藏方面，不但較早注意而且技術的發展和成熟也早。

從《四時纂要》可以清楚看出，我們的祖先，早在唐代以前，就懂得和掌握了用沙土保存茶種的方法。《四時纂要》

的沙藏法，一直沿用下來，到明代羅廩的《茶解》中，才又有發展。

《茶解》在沙藏之前，增加了一道水選和曬種工序。沙藏保種，在古代條件下，無疑是一種有效的良好方法，對保持種子的水分需要，促進種子後熟和保證有較高的發芽率等，都是有較好作用的。

中國古代的茶樹管理，是和農業生產精耕細作的水平相一致的。據《四時纂要》記載，我們現在茶園管理的諸如防除雜草、土壤耕作、間作套種和施肥等幾方面的內容，至少在唐代便都已俱全。

當然，《四時纂要》記載的內容不免有些原始、簡單，但隨著農業生產精耕細作的提高，中國茶園管理水平，也相應地在不斷發展和完善。

唐代茶園只是在茶樹幼齡期間才間種其他作物，可是宋代《北苑別錄》就提到桐茶可以間作。明代茶園管理的記載更多，水平也更高，提到了茶園管理的耕作和施肥，提出了更精細的要求，而且提出茶園不僅可以間植桐樹，也可種植桂、梅、玉蘭、松、竹和蘭草、菊花等清芳之品。可見明代在茶園管理的各個方面，都較唐宋有了較大的進步。

從文獻記載看，中國古代茶園管理，到明代即達到了相當精細的程度。所以，到清代只是在除草、施肥的某些方法和間作內容上有所充實。如《時務通考》關於鋤地以後，「用乾草密遮其地，使不生草萊」；《撫郡農產考略》提到鋤草之後，要結合「沃肥一次」；《襄陽縣誌》中還提到了襄陽茶園還間作山芋和豆類等。

古籍中茶樹修剪的記載出現較晚，直至清代初年才見於《巨廬游錄》和《物理小識》。《巨廬游錄》載：「茶樹皆不過一尺，五六年後梗老無芽，則須伐去，俟其再蘖。」《物理小識》說：「樹老則燒之，其根自發。」後一種方法，比較原始，或許臺刈就是從這種方法中脫胎產生的。臺刈就是把樹頭全部割去，以徹底改造樹冠。

根據上述記載，說明中國茶樹的臺刈技術，可能萌發於明代後期。至清代後期，又採用兩種新的茶樹修剪的方法：

一是「先以腰鐮刈去老本，令根與土平，旁穿一小阱，厚糞其根，仍復其土而鋤之，則葉易茂。」

二是「茶樹生長有五六年，每樹既高尺餘，清明後則必用鐮刈其半枝，須用草遮其餘枝，每日用水淋之，四十日後，方去其草，此時全樹必俱發嫩葉。」

從文獻記載來看，茶樹修剪似乎是從臺刈開始的；先有重修剪，在重修剪的基礎上，然後才派生出其他形式的修剪。

中國古代採茶，六朝以前的情況史籍中沒有留下多少記載。直至陸羽《茶經》始載：「凡採茶，在二月、三月、四月之間」，說明在唐代可能還只采春茶、夏茶，不採秋茶。唐代采冬茶不是定製。

採摘秋茶，大概是從宋代開始的。北宋文學家和政治家蘇轍在《論蜀茶五害狀》中說：「園戶例收晚茶，謂之秋老黃茶。」但宋代採摘秋茶還不普遍，到明代中期以後，中國已普遍開始採摘秋茶了。

宋代除了採取唐時晴天早晨帶露水採摘等方法外，據《東溪試茶錄》、《大觀茶論》等茶書記載，還提出了採茶要用指尖或指甲速斷，不以指柔；另外要把採下的茶葉隨即放入新汲的清水中，以防降低品質。

宋以後茶葉採摘的資料，記不勝記，因各地環境條件和製法不同，說法也不一致。總的來說，採茶貴在時間。太早味不全，遲了散神。一般以穀雨前五天最好，後五天次之，再五天更次。

閱讀連結

宋代蘇東坡不僅是一位大文學家，也是諳熟茶事的高手。他一生與茶結下了不解之緣，並為人們留下了不少雋永的詠茶詩聯、趣聞軼事。比如流傳至今的「東坡壺」，就是關於蘇東坡的一段有趣的故事。

俗話說「水為茶之母，壺是茶之父」。蘇東坡酷愛紫砂壺，他在謫居宜興時，吟詩揮毫，伴隨他的常常是一把提梁式紫砂茶壺，他曾寫下「松風竹爐，提壺相呼」的名句。

因他愛壺如子，撫摸不已，後來此種壺被人們名之為「東坡壺」，一直沿襲至今。

耕種時代 古代農具

中國是個農業大國，也是世界最早發展農業的國家之一。遠古開天闢地，先民們主要依靠狩獵和採集來維持生活，以「刀耕火種」開始自己栽培作物，從此開啟了原始農業時代。

在生產勞動過程中，先民們創造和改進了多種多樣的農具，後經歷代的不斷創新與改進，使農具種類豐富多彩。

幾千年來，古代農民用自己的勤勞和智慧，創造發明了許許多多生產生活所必需的農具和器械，極大地提高了勞動效率和生活質量，同時也推動了社會的文明進步。

夏商周時的農具

■原始人的農具石錛

西元前二零七零年，中國由原始社會進入奴隸社會，相繼建立了夏、商、周三個奴隸制王朝。夏商周時期，在繼續沿用原始社會的農具外，又發展了一些新的農具，使農具的種類有了新的發展。

這一時期的農具包括：整地工具斧與錛，挖土工具耒與耜，直插式的整地農具鑊，直插式挖土工具鍤，灌溉機械桔槔，用動力牽引的耕地農機具犁，提取井水的起重裝置轆轤。這些農具配套成龍，使農業生產得到了很大發展。

中國農具的源頭，可以上溯到遠古時期的整地農具斧與錛。整地是一項重要的農業作業，是為了給播種後種子的發芽、生長創造良好的土壤條件。整地農具包括耕地、耙地和整平等項作業所使用的工具。

在原始農業階段，最早的整地農具是耒耜。而在耒耜發明之前，斧與錛是重要的生產工具。

斧、錛是遠古時代最重要的生產工具，出土的數量也最多。人們既可用它們作為武器打擊野獸，還可以用來砍伐森林、加工木材、製造木器和骨器。人們在從事火耕和耜耕農業，開墾荒地之時，就需要用石斧、石錛來砍伐地面的森林，砍斫地裡的樹根。

商周之後，由於農業的進步，已脫離刀耕火種階段，砍伐森林已不是農耕的重要任務。斧、錛在農耕作業中的地位雖然下降，但在手工業中卻發揮了更大的作用。

耒和耜是兩種最古老的挖土工具。耒的下端是尖錐式，耜的下端為平葉式。

耒是從採集經濟時期挖掘植物的尖木棍發展而來的。早期的耒就是一根尖木棍，以後在下端安一橫木便於腳踏，入土容易。再後來，單尖演變為雙尖，稱為雙尖耒。

單尖木耒的刃部發展成為扁平的板狀刃，就成為木耜。它的挖土功效比耒大，但製作也比耒複雜，需要用石斧將整段木材劈削成圓棍形的柄和板狀的刃。

在陝西省臨潼縣姜寨和河南省陝縣廟底溝等新石器時代遺址，都發現過使用雙齒耒挖土後留下的痕跡。此外，浙江省餘姚市河姆渡和羅家角等新石器時代遺址，也曾經出土過木耜。

由於木耜的刃部容易磨損，後來就改用動物肩胛骨或石頭製作耜刃綁在木柄上，成為骨耜或石耜。它們都堅硬耐磨，從而提高了挖土的功效。

骨耜是用偶蹄類哺乳動物肩胛骨製成，肩部挖一方孔，可以穿過繩子綁住木柄。

骨耜中部磨有一道凹槽以容木柄，在槽的兩邊又開了兩個孔，穿繩正好綁住木柄末端，使木柄不易脫落，其製作方法已相當進步。

發現早期骨耜最多的地方是浙江省餘姚市河姆渡遺址和羅家角遺址，距今七千年左右。

石耜比骨耜的年代要早。北方較早的新石器時代遺址，如河北省武安縣磁山遺址和河南省新鄭縣裴李崗遺址，以及遼寧、內蒙古等地的遺址中都出土了很多石耜，其年代最早可達八千年前。

耒、耜使用的年代相當長久，直至商周時期還是挖土的主要工具。在鐵器出現之後，木耒、木耜也開始套上鐵製的刃口，使其堅固耐用，工作效率倍增。

耒、耜在漢代犁耕已經普及的情況下也沒有絕跡，不但文獻上經常提到，各地漢墓中也常有耒、耜的模型或實物出土。大約到三國以後，耒、耜才逐漸退出歷史舞台。

鏟是一種直插式的整地農具。鏟和耜是同類農具。一般將器身較寬而扁平、刃部平直或微呈弧形的稱為鏟，而將器身較狹長、刃部較尖銳的稱為耜。

商周時期出現青銅鏟，肩部中央有銎，可直接插柄使用。春秋戰國時期，鐵製鏟的使用更為普遍，形式有梯形的板式鏟和有肩鐵鏟兩種。至漢代始有鏟的名稱，東漢經學家許慎的《說文解字》，是中國第一部按部首編排的字典，其中已收有「鏟」字。

鍤為直插式挖土工具。鍤在古代寫作「臿」，東漢訓詁學家劉熙在《釋名》中說，臿被用於「插地起土」。最早的鍤是木製的，與耜差不多，或者說就是耜，在木製的鍤刃端加上金屬套刃，就成了鍤，它可以減少磨損和增強挖土能力。

商周時期的鍤多為凹形青銅鍤，春秋時期的銅鍤形式較多樣，有平刃、弧刃或尖刃。

戰國時期開始改用鐵鍤，主要有「一」字形和「凹」字形兩種。到了漢代，鍤依然是挖土工具，在興修水利取土時發揮很大作用。使用時雙手握柄，左腳踏葉肩，用力踩入土中，再向後扳動將土翻起。

商代發明的桔槔是一種灌溉機械。桔槔的結構，相當於一個普通的槓桿。在其橫長桿的中間由豎木支撐或懸吊起來，橫桿的一端用一根直桿與汲器相連，另一端綁上或懸上一塊重石頭。

當不汲水時，石頭位置較低，當要汲水時，人則用力將直桿與汲器往下壓，與此同時，另一端石頭的位置則上升。

當汲器汲滿後，就讓另一端石頭下降，石頭原來所儲存的位能因而轉化。透過槓桿作用，就可能將汲器提升。這種提水工具，是中國古代社會的一種主要灌溉機械。最早出現在商代時期，在春秋時期就已相當普遍，而且延續了幾千年。

商代開始使用犁，是用動力牽引的耕地農機具，也是農業生產中最重要的整地農具。它產生的歷史較晚，約在新石器晚期，是用石板打製成三角形的犁鏵，上面鑿鑽圓孔，可裝在木柄上使用，估計當時還不可能採用牛耕，應是用人力牽引。

江西省新干縣的商墓出土過兩件青銅犁鏵，呈三角形，上面鑄有紋飾。這是目前僅有的經過科學發掘有明確出土地點和年代判斷的商代銅犁鏵。它證明商代確實使用過銅犁。

犁具備了動力、傳動、工作三要素，比其他農具結構複雜，可算是最早的農機具。它的出現，為以後鐵犁的使用開闢了道路。

周初使用的轆轤是提取井水的起重裝置。周人在井上豎立井架，上裝可用手柄搖轉的軸，軸上繞繩索，繩索一端繫水桶。搖轉手柄，使水桶可升可降，提取井水。

夏商週三代發明的許多農具，在中國應用時間較長，有的雖經改進，但大體保持了原形。說明在三千年前中國農民就設計了結構很合理的農業工具，在中國農具史上具有非常重大的意義。

閱讀連結

傳說炎帝被擁戴為南方各部落聯盟長之後，廣嚐百草，向人們廣傳五穀種植技術。但因土壤板結，種植的五穀往往枯萎。

為了找到對付板結土塊的良方，炎帝找來木棍，架起火堆，一邊烘烤，一邊按人的意願彎曲，一柄漂亮適用的耒造出來了。這就是「揉木為耒」。

炎帝親自使用耒耕作，不斷改進，不但定準了耒的長短尺寸，還把下端尖叉改削成上寬下窄的鋒面耜。這就是「斫木為耜」。神農氏使用耒耜種植五穀，使江南成為古代農業最發達的地區。

春秋戰國時鐵農具

■戰國時期的農具

春秋戰國時期，生產力的發展最終導致各國的變革運動和封建制度的確立，也導致經濟的相對繁榮。

鐵器的使用和牛耕的推廣，代表著社會生產力的顯著提高，中國的封建經濟也得到了進一步的發展。

這一時期的社會變革，其根源就是以鐵器為特徵的生產力革命。但在鐵製農具被大量使用之前，青銅農具仍然是最主要的生產工具。

春秋時期，青銅農具仍然大量被生產和使用。在黃河流域中游陝西、山西、河南等地發現的鏟、臿、钁、斤等青銅農具，其形制和種類雖沒有超出商周時期，但數量大大增加了，鑄造技術也有很大進步。

在位於山西省南部的侯馬晉國遺址出土了幾千塊鑄造青銅工具的陶范，其中钁、斤類陶范佔總數的八成以上。

在長江流域，春秋時期使用青銅農具也較為普遍。在江蘇、浙江等吳、越國地域內都出土了青銅臿、鋤、鐮、斤、耨等農具。

安徽貴池也出土了一批青銅農具。這一地區出土的鋸鐮，或稱齒刃銅鐮，製作十分科學，用鈍了，只要在背面刃部稍磨，便又會鋒利。它是近代江、浙、閩、鄂等地仍在使用的鐮刀的雛形，是吳、越地地區頗具特色的一種農具。

到了春秋後期，冶鑄業以農民個體家庭的小手工業形式存在，反映出青銅農具使用的減少，鐵製農具逐步取代青銅農具，開始被廣泛使用。

在湖南、江蘇等地的春秋墓葬中，曾發現一批鐵農具。成書於戰國時期的《山海經》記載的鐵礦山達三十多處。這說明，中國當時的冶鐵技術已經粗具規模。

周平王東遷洛邑，建立東周後，當時東周王室衰微，加上夷狄不斷侵擾，國家名為統一，實已分崩離析。各路諸侯趁隙而起，爭霸中原，一場場戰爭開始了。

在經過了一番長時間的此消彼長之後，西元前六百五十一年，齊桓公在葵丘，即今河南蘭考縣東大會諸侯，周王派宰孔參加，賜給齊桓公「專征伐」的權利，齊桓公由此成為春秋時期的第一個霸主。

齊國原本不大，又地處文化較為落後的東海之濱，為何能首先稱霸呢？最直接的原因是明智的齊桓公任用了管仲為相。

能幹的管仲則透過發展工商業賺取錢財，使國家很快富足，軍力迅速強大了起來。在管仲諸多的富國強兵措施中，「官山海」是最為有效的一種。官山海就是由政府管製鹽業和礦產，礦產中就包含著銅鐵。

齊桓公之所以能夠劃時代地成為「春秋五霸」之首，就是因為煮海為鹽積累了資金，鑄鐵為耕具提高了農業生產。由此可見，鑄鐵技術在齊桓公時已接近成熟。

據春秋時代齊國政治家管仲的《管子》一書記載，春秋時齊國已經用鐵農具耕種土地，這是中國有關使用鐵器進行農業生產的最早文字記載。

《管子·輕重已》說：

一農之事，必有一耜、一銚、一鐮、一耨、一椎、一銍，然後成為農。

耜是翻土農具耒耜的下端，銚是大鋤，鐮是鐮刀，耨是小手鋤，椎是擊具即榔頭，銍是短的鐮刀。可見，那時的鐵農具品種很多。

由於鐵農具的大量使用，土地才有可能深耕細作，使穀物產量大大增加。鐵農具的使用使大型水利工程得以興建，齊國鑿渠溝通汶水和濟水。這些都促進了農業的發展和人口的繁殖，為國力增強奠定了基礎。

鑄鐵農具的使用既然能使齊國強盛起來，相鄰各國必將效之。稍後的戰國時期，鑄鐵技術被各個諸侯國普遍採用，其最初的契機應該是在這裡。

鼓風方法的革新，是提高冶鐵技術的關鍵之一。只有革新了鼓風方法，才有可能把煉爐造得高大，使煉爐的溫度提高，從而加速冶煉的過程和提高鐵的生產量。

中國古人由於改進了煉爐的鼓風方法，提高了煉爐的溫度，很早就發明冶煉鑄鐵的技術，使煉出的鐵成為液體，從而加速了冶鐵過程，提高了鐵的生產率。這對冶鐵業的發展和鐵工具的推廣使用具有決定意義。

至戰國中晚期，冶煉鑄鐵和鑄造鐵器已開始分工，河南新鄭鄭韓古城的內倉、西平酒店村和登封告城鎮，都已發現戰國鑄鐵遺址。

河南登封的告城鎮發現了熔鐵爐底及爐襯殘片，還發現有拐頭的陶鼓風管以及木炭屑，可見當時熔鐵爐和煉鐵爐同樣以木炭為燃料。

考古發掘出土的戰國以及漢魏鐵農具，大多數是鑄鐵製造的，在同時的手工業工具中，鑄鐵件也佔很大比例。

在北起遼寧，南至廣東，東至山東半島，西到陝西、四川，包括七個古國的廣大地區，都發現有戰國鐵器的出土，而且種類、數量很多。

在河南輝縣的戰國魏墓中，曾發現五十八件鐵農具，有犁鏵、鋤、臿、鐮、斧等，其中有兩個「V」字形的鏵，構造雖然還很原始，沒有翻土鏡面的裝置，但已能造成破土劃溝的作用。

在河北興隆縣發現了一個戰國後期，燕國的冶鐵手工業遺址，有鑄造工具的鐵範八十七件，其中有鐵鋤鑄範、鐵鐮鑄範。

在河南新鄭縣和登封市附近發現的戰國時期韓國冶鐵遺址中，有許多原始性的臥式層疊鑄範，可知戰國時已經發明層疊鑄造技術。這種層疊鑄造法是把許多範片層層疊合起來，一次澆鑄多個鑄件。

從這些考古發現來看，戰國時南北各地農具的種類和形式已經沒有多大區別。

春秋戰國之際，中國奠定了冶鐵術的基本走向，即以生鐵冶鑄為主。而以生鐵冶鑄為主的技術傳統，是中國古代金屬文化與西方早期以鍛鐵為主的金屬文化的主要區別。也正是生鐵冶鑄技術的早期發明與廣泛應用，造就了中華文明最初的輝煌。

冶鐵技術的進步，為鐵製農具的出現提供了基本條件。戰國時期鐵犁的發明就是一個了不起的成就，它代表著人類社會發展的新時期，也代表著人類改造自然的鬥爭進入一個新的階段。

春秋戰國時期，牛耕開始推廣，鐵犁鏵也取代了青銅犁鏵。陝西、山西、山東、河南、河北等地都有戰國的鐵犁鏵出土，說明犁耕已在中原地區廣泛使用。

出土的鐵犁多數是「V」字形鏵冠，寬度在二十釐米以上，比商代銅犁大得多。它是套在犁鏵前端使用的，以便磨損後及時更換，減少損失。這說明戰國的耕犁已比商周時期進步得多，大大提高了耕地能力。

鐵器農具的出現及牛耕技術的使用，極大地節省了社會勞動力，擴大了生產規模，促進了社會生產力的發展，進而推動了當時社會制度的變革，促使奴隸制社會向封建制社會制度轉變。

可以說，鐵製農具與牛耕技術的使用，是人類社會進一步走向文明時代的一個代表。經過幾千年的發展和完善，鐵製農具逐漸形成了種類繁多、製造簡單、小巧靈活、使用方便的完整體系，適應了中國農業生產環境和農作物的要求。

閱讀連結

春秋時期，齊國政治家管仲在被齊桓公任命為相時，齊桓公曾經向管仲提出如何解決國家財政不足的問題。

管仲曾長期經商，對鹽鐵兩種商品有著清楚準確的認識。管仲認為，只有實施製鹽業和冶鐵業的國家壟斷性經營，才能解決這一問題。

齊桓公採納了管仲的建議，廢止先前允許私人經營鹽鐵業的政策，轉而實施製鹽業和冶鐵業的國家壟斷性經營。這一措施，為齊國的強大奠定了堅實的基礎，終使齊桓公稱霸諸侯，成為了春秋時期的第一個霸主。

秦漢時期的農具

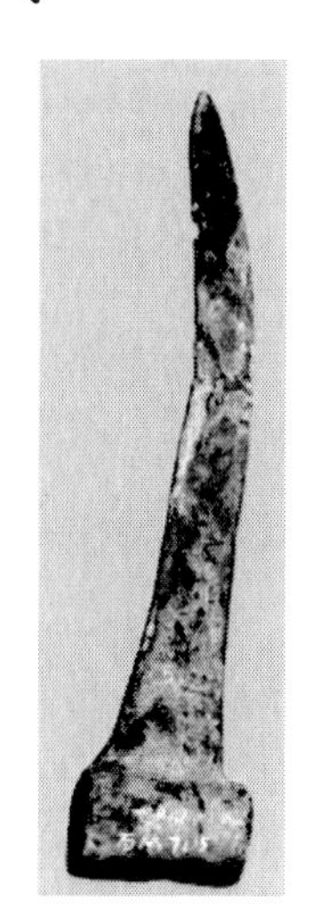

■漢代青銅鐮刀

秦漢時期，朝廷開始實施重農抑商政策，鼓勵人民發展農業及手工業。在這種情況下，農業得到高速的發展，農業的生產工具農具自然也有所發展。

這一時期，由於冶鐵業的發展，鐵犁被廣泛應用，鐵犁部件的改進，大大提高了耕作效率。與此同時，冶鐵業的發展還促進了三角耬、翻車等新農具的誕生。

這些新技術提高了生產效率，穩固了封建社會的經濟基礎，推動了社會的更快發展。

秦漢時期推行重農抑商農業政策，加速了農業的發展，也使農業生產者開始改進生產工具，提高了生產效率。而當時冶鐵技術的發展，成了改進農具的保障。

冶鐵業在戰國後期已相當發展，秦始皇建立秦王朝後，冶鐵業成為秦代最重要的手工業。曾在秦都咸陽宮殿區附近聶家溝西北，發現秦的官營手工冶鐵、鑄鐵作坊遺址。遺址上到處都是鐵渣、爐渣，並有鐵塊等，規模非常龐大。

秦代除官營冶鐵業外，民營冶鐵業也很發達。司馬遷的四世祖司馬昌曾為秦國的鐵官，當時鐵官大概既管理官營冶鐵業，又負責向民營冶鐵業收取鐵稅。

據司馬遷的《史記·貨殖列傳》記載，秦政權曾把一批六國的冶鐵富豪遷到巴蜀、南陽等地，這些人到達遷地以後，就利用自己的資金和技術，募民冶鐵，不久都成為巨富。

漢代冶鐵業也有很大發展，現已發現漢代冶鐵遺址多處，鐵器幾乎遍及全國各地，其數量之多，遠遠超過了前代。

安陽冶鐵遺址，位於該市北郊，是一處漢代鑄造鐵器的工廠，面積達十二萬平方米。遺址中發現煉爐十七座，完整的冶鐵坩堝三個，耐火磚、鐵塊堆、鐵渣坑、打磨鐵器的磨石、鐵砧等，以及已鑄成的鐵器，其中有農業工具刀、鋤、鏟、鐮、錘等。

另外還有鑄造器物的範和模。特別是出土的齒輪，外圓內方，外緣有十個齒，有力地說明漢代鐵製技術的進步以及對力學原理的應用。

河南鞏縣鐵生溝冶鐵遺址，是一處比較完整的冶鐵作坊，面積為一千五百平方米。在遺址附近發現有豐富的鐵礦和煤層，遺址內有礦石加工廠，各式煉爐、熔爐和煅爐共二十座。

煉爐採用各種的耐火材料，還有配料池、鑄造坑、淬火坑、儲鐵坑等設施以及大量的鐵製生產工具。生產設備齊全，有鼓風裝置。更重要的是遺址內發現了煤和煤餅。

根據上述兩處漢代冶鐵遺址以及出土的大量實物，說明兩漢冶鐵和鑄造鍛制技術有很大發展，當時已用煤作燃料，使用鼓風裝置，並具有成套的手工煉鐵設備和完善的生產工序。

冶鐵技術的發展，為鐵製農具的廣泛使用，提供了條件。當時的鐵農具與戰國時相比較，有明顯進步。如最重要的翻土農具犁，陝西和河南出土的部分犁鏵上的鏵冠，形狀雖和戰國時相似，但冠的鐵質優於犁鏵部分，說明深知將「鋼」用在刀刃上的道理。

漢代開始廣泛使用曲面犁壁，這在世界上是最早的。在陝西的咸陽、西安、禮泉，河南的中牟，山東的安丘等地出土的犁壁，大體可分為四種類型：菱形壁、板瓦形壁、方形缺角壁和馬鞍形壁。犁鏵上安裝犁壁，使犁耕的鬆土、碎土、翻土質量有了提高。

漢代還出現了與近代鏵式犁相似的古代鏵式犁。它不僅具有較強的切土、碎土、翻土、移土的性能，且能將地面上的殘茬、敗葉、雜草、蟲卵等掩埋於地面下，有利於消滅雜草和減輕病蟲害。

犁是用動力牽引的耕地農機具，也是農業生產中最重要的整地農具。秦代推行富國強兵政策，措施之一就是改進鐵犁形制，推廣牛耕鐵犁，以擴大耕地面積，提高糧食產量。

漢代鐵犁的結構與零件已經基本定型，具備犁架、犁頭和犁轅，用牛牽引，不僅能挖土，還能翻土。犁架結構由床、梢、轅、箭、衡五大零件組成，漢代犁架已基本具備這五大零件。

西漢武帝末年，趙過推行「代田法」時，耕田時一般用二牛三人，其中有人專門扶轅，用來調節入土深淺。可見，當時犁箭只能起穩固犁架作用。

漢武帝時，犁頭髮生了較大變化。陝西關中地區出土很多漢代鐵製農具，其中犁具數量很多，並具有全鐵大鏵、小鏵、犁壁及巨型犁鏵等不同形製品種。

從陝西省出土的漢代舌形大鏵來看，犁鏵呈舌刃梯形，平均長三十二釐米，後寬三十二點五釐米，平均重七點五公斤，銳角，上面尖起，下面板平，前低後高，中部有微高的凸脊，後邊有裝木犁頭的等腰三角形銎。

還有一種形制較大的巨型大鏵，平均長三十八點三釐米，後寬三十六點三釐米，一般重九公斤，最重達十五公斤。巨鏵古稱「鈴鐩」、「睿鏵」，用來開墾田間的溝渠。巨鏵在漢代已普遍使用。

與上述兩種鏵同時出土的有「V」字形鏵冠與犁壁。出土時，「V」字形鏵冠有的套合於鏵的尖端，有的單獨存放。

犁壁又稱鐴土、翻土板等，安裝在犁鏵的上方，與犁鏵後部共同組成一個不連續曲面。

漢代的犁式耕作，即牽引方式。畜力牽引有兩牛牽引和一牛牽引兩種方式。兩牛耕田的牽引方式，一般採用「二牛抬槓式」，即犁轅後接犁梢，前接犁衡。

犁衡是一直木棒，與轅垂直交接，交接處有一三叉戟聯搭，以適當調節挽力不同的二牛在行進中的負擔，使犁平衡，犁衡縛於牛角，稱為角軛，後普遍成為肩軛，從而大大加強了牛的牽引力。

二牛抬槓式始見於趙過推行代田法之後，與使用畜力及大型犁鏵相關，成為生產力發展的重要標誌。直至現在，在北方地區尚存二牛耕田，少數民族地區則多用二牛耕田。

漢武帝時，犁耕的三個重要組成部分犁架、犁頭、犁式都已初步定型，實現了從耒耜到犁的根本轉變。

新農具的增加是秦漢時期農具發展的又一代表。主要的成就是播種工具三腳樓和灌溉工具翻車的出現。

三腳耬車下有三個開溝器，播種時，用一頭牛拉著耬車，耬腳在平整好的土地上開溝進行條播。由於耬車把開溝、下種、覆蓋、鎮壓等全部播種過程統於一機，一次完工，既靈巧合理，又省工省時。

除了三腳耬車外，灌溉機械翻車也是一項重大發明。據《後漢書》的《宦者列傳·張讓》記載，漢靈帝時，翻車是東漢時人畢嵐發明的。這是中國「翻車」一詞最早見於史籍。

翻車是一種刮板式連續提水機械，又名龍骨水車，是中國古代最著名的農業灌溉機械之一。可用手搖、腳踏、水轉或風轉驅動。龍骨葉板用作鏈條，臥於槽中，車身斜置河邊或池邊。下鏈輪和車身一部分沒入水中。驅動鏈輪，葉板沿槽刮水上升，到長槽上端將水送出。

這樣連續循環，把水輸送到需要之處，可連續取水，功效提高，操作方便，還可及時轉移取水點，即可灌溉，也可以排澇。中國古代鏈傳動的最早應用就是在翻車上，是農業灌溉機械的一項重大改進。

閱讀連結

西漢農學家趙過為了使代田法的推廣有確實的把握，他首先在皇帝行宮、離宮的空閒地上做生產試驗，證實代田法的確能比其他的田地增收。又設計和製作了新型配套農具，然後利用行政力量在京畿內要郡守命令縣、鄉長官、三老、有經驗的老農學習新型農具和代田耕作的技藝。

趙過先在公田上作重點示範、推廣，並逐步向邊郡居延等地發展。最後在邊城、河東、三輔、太常、弘農等地作廣泛推行，並獲得了成功。

魏晉南北朝的農具

■晉代時的鐵鏵

魏晉南北朝時期，由於社會環境的巨大變化，促使人們為謀求生存而在農業生產領域付出更多的勞動和探索，從而推動了北方農業生產的不斷進步。

這一時期，南北方農業的發展開始趨於平衡，耕作工具與技術有了一定的進步，出現了鐵齒耙等新農具。尤其是馬鈞研製改進的翻車，在中國農業史上佔有重要地位。

魏晉南北朝時期，由於鋼鐵冶煉、加工技術的進步和其他手工業技術的發展，農業生產工具有了不少改進。不但原有農具在形制、材質上發生了許多變化，一些漢代發明出來的先進生產工具進一步推廣，而且創造了一些新的品種，使生產分工更細，使用起來更為方便有效。

首先是牛耕進一步得到普及。中國的鐵犂牛耕產生於春秋後期，秦漢時期雖努力推廣，但尚未真正普及。

在漢代文獻及畫像石中，二牛牽引的二牛抬槓為主要形式。西晉以後單牛拉犁已很常見，在魏晉後期的壁畫中，其數量已超過了二牛抬槓。不難看出，單牛方式將一犋犁的成本投入幾乎降低了一半，因此有利於牛耕的普及。

魏晉南北朝時期遊牧民族進入中原，使牛的數量增加，普通農民大都能夠養得起一頭牛，牛耕在這一時期才真正實現了大眾化，中國農業也才真正進入牛耕時代。

在嘉峪關等地的魏晉墓壁畫中，有大量的牛耕圖，僅在一座墓中就有七幅，總數有二十多幅。其內容多為民間農耕，也有軍事屯田，耕田者既有漢族也有鮮卑、羌、氐等少數民族。

這說明，魏晉時期在偏僻的遼西和河西地區，牛耕也已與內地同樣得到廣泛普及。

魏晉南北朝時期，北方在農業生產工具方面最重大的貢獻，發明了畜力牽引的鐵齒耙。鐵齒耙即《齊民要術》中多次提到的「鐵齒楱」，這是畜力耙最早的文獻記載。

最早的畜力耙圖像資料是嘉峪關及酒泉等地的魏晉墓室壁畫，最初的畜力耙都為一根橫木，下裝單排耙齒，人站在上面很不穩便。例如一座曹魏墓出土的耙地畫像磚，畫面中一婦女揮鞭挽繩蹲於耙上，耙下裝有許多耙齒，一頭體型健碩的耕牛在驅趕吆喝聲中奮力拉耙耙地，驅牛女子長髮飄逸，使整個畫面更平添了幾分生氣。

嘉峪關及河西地區的耙地畫像磚共計十多幅，由此看來，畜力耙雖剛發明出來不久，但普及速度還是相當快的。

在牽引器具上，魏晉時期已使用繩索軟套，並可能出現了框式耙。當時還沒有使用犁索，至唐代曲轅犁才使用軟套，但在《甘肅酒泉西溝魏晉墓彩繪磚》中有兩幅單牛耙地圖，其中一幅為常見的單牛雙轅牽引的單排齒耙。

另一幅則非常特殊：圖中一肥碩健壯的黃牛在拉耙耙地，牽引器具不是常見的長直轅，而是兩條繩索，由於正在行進中，繩索被拉緊繃直，如兩條筆直的平行線。

耙後面的操作者，兩手各操一韁繩馭牛，左手近身，其繩鬆弛；右手前伸，其繩拉緊，似在馭牛右轉彎。

軟套的發明使農田耕作真正實現了靈活快捷、操作自如，框式耙使耙地作業平穩安全，碎土效果更好，兩項發明一直為後世沿用。

魏晉時期馬鈞研製和改進的翻車，是一項重大科學研究成果。馬鈞在洛陽任職時，當時城內有地，可以開闢為花園。為了能灌溉，馬鈞便改進了翻車。

清代麟慶所著的《河工器具圖說》記載了翻車的構造：車身用三塊板拼成矩形長槽，槽兩端各架一鏈輪，以龍骨葉板作鏈條，穿過長槽。

車身斜置在水邊，下鏈輪和長槽的一部分浸入水中，在岸上的鏈輪為主動輪。主動輪的軸較長，兩端各帶拐木四根；人靠在架上，踏動拐木，驅動上鏈輪，葉板沿槽刮水上升，到槽端將水排出，再沿長槽上方返回水中。如此循環，連續把水送到岸上。

馬鈞研製改進的翻車，輕快省力，可讓兒童運轉，比當時其他提水工具強好多倍，因此，受到社會上的歡迎，被廣泛應用。直至現代，中國有些地區仍使用翻車提水。

這種翻車，是當時世界上最先進的生產工具之一。如果說畢嵐是中國歷史上翻車的創造者，那麼，三國時的馬鈞，應是翻車技術的改進者。

魏晉南北朝時期，北方農具的種類增多，賈思勰在《齊民要術》中記載的農具就有二十多種，其中除犁、鍬、鋤、耩、鐮等原有農具之外，新增的有鐵齒漏棱、陸軸、鐵齒耙、魯斫、手拌斫、批契、木斫、耬、竅瓠、鋒、撻、耮等。其中的竅瓠、鋒、撻、耮尤具特色。

竅瓠是一種新的播種農具，《齊民要術·種蔥》說：「兩耬重耩，竅瓠下之，以批契繼腰曳之。」就是指用耬開溝後，用竅瓠播種。

鋒是一種畜力牽引的中耕農具，在禾苗稍高時使用，如種穀子，「苗高一尺，鋒之」。鋒有淺耕保墒的作用，還可以用於淺耕滅茬。墒是耕地時開出的壟溝。

撻是播後覆種鎮壓工具。據《齊民要術》所載，撻用於耬種之後，覆種平溝，使表層土壤踏實。

耮在使用時，人立其上，用以提高碎土和覆土等的功效。但是否站人，要視情況而定。如濕地種麻或胡麻，就無需站人，因為耮上加人，會使土層結實。

在新增農具的同時，原有的一些農具，如犁和其他畜力牽引工具也有了較大改進。犁是當時的主要耕具。從河南澠池出土的鐵犁情況來看，當時有三種類型的犁：一是全鐵鏵，二是「V」字形鐵鏵，另一種是雙柄犁，犁頭呈「V」字形，可安裝鐵犁鏵。

《齊民要術》中提到一種「蔚犁」，既能翻土作壟、調節深淺，且能靈活掌握犁條的寬窄粗細，並可在山澗、河旁、高阜、穀地使用。

從嘉峪關等地的發現的魏晉墓室壁畫中可以看出，當時有二牛抬損式，也有單牛拉犁式。其中單牛拉犁式漸趨普及。

中國黃河中下游地區歷來乾旱，尤以春季少雨多風，這些農具主要是適應北方旱作的需要而出現的。

閱讀連結

馬鈞住在魏國京城洛陽時，洛陽城裡有一大塊坡地非常適合種蔬菜，老百姓很想把這塊土地開闢成菜園，可惜因無法引水澆地，一直空著。

馬鈞看到後，就下決心要解決灌溉上的困難，在機械上動腦筋。經過反覆研究、試驗，他終於創造出一種翻車，把河裡的水引上了土坡，實現了老百姓的多年願望。

馬鈞創製的翻車不但能提水，而且還能在雨澇的時候向外排水。這種翻車一直被鄉村沿用，直至實現電動機械提水以前，它一直發揮著重大的作用。

唐代成熟的曲轅犁

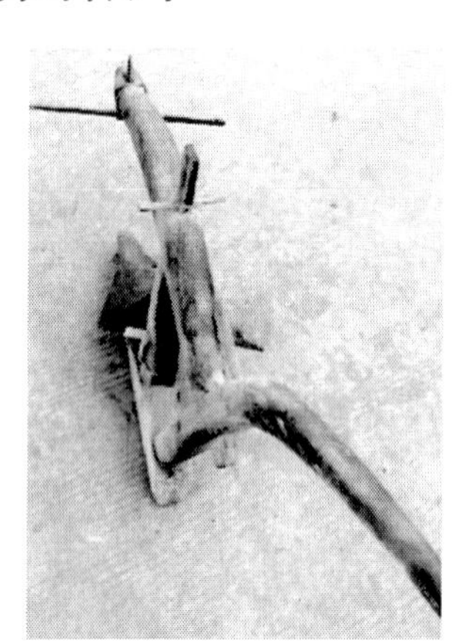

■曲轅犁

農具的改進以及廣泛採用，對唐代農業生產的發展起了重要作用。唐以前笨重的長直轅犁，回轉困難，耕地費力。江南農民在長期生產實踐中，改進前人的發明，創造出了曲轅犁。

曲轅犁的發明是中國農業最大的成就之一。它的出現是中國耕作農具成熟的標誌。唐代曲轅犁的廣泛推廣，大大提高了勞動生產率和耕地的質量，使中國在耕地農具方面達到了鼎盛時期，在技術上足足領先歐洲近兩千年。

犁是人類早期耕地的農具，中國人大約自商代起使用耕牛拉犁，木身石鏵。隨著冶鐵技術的廣泛運用，唐代出現了曲轅犁，使中國農業發展進入了一個新的階段。

曲轅犁的設計思想，來源於耒和耜，它們本是兩種原始的翻土農具，傳說最早是神農氏「斷木為耜，揉木為耒」。

實際上最初的耒只是一尖頭木棒，後來又在尖頭木棒的下端安裝了一個短棒，用於踏腳，這便是耜。

秦漢時，犁已具備犁鏵、犁壁、犁轅、犁梢、犁底、犁橫等零部件，但多為直的長轅犁，回轉不靈便，尤其不適合南方水田使用。

到唐代時，直的犁轅改進為曲的犁轅，既調節了耕地的深淺，也省了不少的力氣，大大提高了耕作效率，被稱為「曲轅犁」。因為曲轅犁在江東一帶被廣泛使用，因此又稱為「江東犁」。

唐代曲轅犁的主要功能是翻土、耕地，提高土地的利用率和農作物的產量。

曲轅犁主要分為犁架和犁鏵兩部分，犁架主要由木材來製作，犁鏵由鐵來做成。製作工藝較簡單：犁架多採用楗、梢、榫等來連接固定，這樣不僅輕便靈活，更堅固耐用。犁鏵採用鐵製冶煉、捶打來實現，犁鏵鋒利，有利於耕作。

據陸龜蒙的《耒耜經》記載，唐代曲轅犁為鐵木結構，由犁鏵、犁壁、犁底、壓鑱、策額、犁箭、犁轅、犁評、犁建、犁梢、犁盤十一個零部件組成。

犁鏵用以起土，犁壁用於翻土，犁底和壓鑱用以固定犁頭，策額保護犁壁，犁箭和犁評用以調節耕地深淺，犁梢控制寬窄，犁轅短而彎曲，犁盤可以轉動。

整個犁具有結構合理，使用輕便，回轉靈活等特點，它的出現代表著傳統的中國犁已基本定型。《耒耜經》對各種零部件的形狀，大小，尺寸有詳細記述，十分便於仿製和流傳。

後來曲轅犁的犁盤被進一步改進，出現了二牛抬損，直至現在仍被一些地方運用。

唐代曲轅犁功能性突出，它的應用和發展，得力於其精巧設計。

與直轅犁相比，唐代曲轅犁的設計具有良好的使用功能，不僅可以透過扶犁人用力的大小控制耕地的深淺，還大大節省了勞動力，有很高的勞動效率。

曲轅犁的犁盤上可以架兩頭或更多牛，這樣既保護了牛，又大大提高了耕作效率。

有古書記載：江東犁的效率來自於牛，按古人計算「一牛可抵七至十人之力」、「中等之牛，日可犁田十畝」，犁架加大就顯得更加穩定，便於在耕地時的控制。

犁鏵多為「V」字形，尖頭更加鋒利，便於入土。曲轅犁的功能相當完善，實用性強。

從經濟性來說，唐代曲轅犁的設計，更經濟實用，適合普通老百姓的購買和使用。

用材主要是木材和鐵，木材價格低廉，隨處可取。當時鐵已廣泛用於各種器物上，冶煉的技術被人普遍掌握。從結構上看，既簡單又連接牢固。整體經濟性好，便於普遍推廣利用。

從技術上看，唐代曲轅犁的設計更加先進，領先歐洲近兩千年，是當時人類最先進的耕地農具。

曲轅犁犁鏵的犁口鋒利，角度縮小到九十度以下，銳利適用。犁因不同需要而有大、中、小型之分，規格定型化，種類繁多，形制也因需要而有差異。

曲轅犁的犁頭實現了犁冠化，使用於多沙石地區的犁頭，多加裝鐵犁冠，其形制類似戰國時期的「V」字形犁，對犁鏵刃部起保護作用，可隨時更換。

曲轅犁的犁鏵實現了犁壁化，犁上裝有犁壁，便於翻土，起壟，用力少而見效多。當時人們對鐵的冶煉技術的掌握已相當純熟，對木材結構連接的設計也相當完善。所以從技術上是相當先進的，直至目前曲轅犁還在很多地方使用。

唐代曲轅犁的設計較以前的直轅犁更加人性化，符合人機工程學要求。曲轅犁材料選用自然的木材，農民對木材特有的感情會使其在使用時有親切感。

曲轅犁設計上符合人機工程學的要求，主要體現在透過犁梢的加長，使扶犁的人不必過於彎身，同時，加大犁架的體積，便於控制曲轅犁的平衡，使其穩定。

唐代曲轅犁不僅有精巧的設計，並且還符合一定的美學規律，有一定的審美價值。犁轅有優美的曲線，犁鏵有菱形的，「V」字形的唐代曲轅犁，在滿足使用功能的同時，還有良好的審美情趣，曲轅犁的美學價值也體現出來了。

均衡與穩定是美學規律中重要的一條。均衡是指造型物各部分前後左右間構成的平衡關係，是依支點表現出來的。

穩定是指造型物上下之間構成的輕重關係，給人以安定、平穩的感覺，反之則給人以不安定或輕飄的感覺。

在唐代曲轅犁造型中，以策額為中線，左右兩邊保持等量不等形的均衡。從色彩上來看，木材的顏色是冷色，而鐵也是冷色，可以達到視覺上的均衡。犁鏵為「V」字形，是一種對稱，可以給人以舒適、莊重、嚴肅的感覺，對稱本身亦是一種很好的均衡。

穩定主要表現在實際穩定和視覺穩定兩方面。從造型上看，下面的犁壁、犁底、壓鑱體積質量較大，重心偏下，有極強的穩定性，這就是實際穩定。

從視覺平衡上看，犁架為木材，下面的犁鏵為鐵製，由於鐵的質量分數比木材的質量分數大，從而給人以重心下移的感覺，有很強的視覺穩定感。

在唐代曲轅犁造型中，雖有直線的犁底、壓鑱、策額、犁箭和曲線的犁轅、犁梢，但它們的連接方式是相同的，大多用楗、梢、榫來連接固定，且主體以直線為主，這就是在變化中求統一。

在唐代曲轅犁造型中，以直線型為主，給人以硬朗穩定的感覺，但犁轅和犁梢的曲線又使造型富有變化，給人以動態的感覺，起對比和烘托作用。

曲轅犁以木材為主，而鐵質的犁鏵與木質的犁架形成了對比，這就是在統一中求變化。

犁鏵本身也有一定的長寬比例，並與犁架的比例相統一、相和諧，這既滿足了局部之間的比例關係，也照顧到了局部與整體的比例關係。

尺度是在滿足基本功能的同時，以人的身高尺寸作為量度標準的，其選擇應符合人機關係，以人為本。

犁鏵的尺度由耕地的深度寬度來確定，滿足了基本的功能需求，犁梢的長度符合人機尺寸，減少了農民耕地時的疲勞。

唐代曲轅犁在中國古代農具發展史上有著重要的意義，影響深遠。它不僅技術上在當時處於領先地位，而且設計精巧，造型優美。

在設計上，曲轅犁經濟實用。從美學上看，曲轅犁有著獨特的造型，優美的線條和恰到好處的比例與尺度，符合審美需求。歷經宋、元、明、清各代，曲轅犁的結構沒有明顯的變化。

江東曲轅犁在華南推廣以後，逐漸傳播到東南亞種稻的各國。十七世紀，荷蘭人在印尼的爪哇等處看到當時移居印尼的中國農民使用這種犁，很快將其引入荷蘭，對歐洲近代犁的改進有重要影響。

唐代曲轅犁的發明，在中國傳統農具史掀開了新的一頁，它代表著中國耕犁的發展進入了成熟的階段。此後，曲轅犁就成為中國耕犁的主流犁型。

閱讀連結

陸龜蒙以其所著《耒耜經》，對唐代曲轅犁的推廣做出了重大貢獻。他曾經隱居生活在故鄉松江甫裡，就是現在的江蘇吳縣東南甪直鎮。

甫裡地勢低窪，經受洪澇之害。在這種情況下，陸龜蒙親自身扛畚箕，手執鐵鍤，帶領幫工，抗洪救災，保護莊稼免遭水害。他還親自參加大田勞動，中耕鋤草從不間斷。

平日稍有閒暇，便帶著茶壺、文具等往來於江湖之上，當時人又稱他為「江湖散人」、「天隨子」。他也把自己比作古代隱士涪翁、漁父、江上丈人。

宋元明清的農具

■清代農具模型石屯

宋元時期，農業生產又發展到了一個新的水平。這一時期，由於稻田的興起，以秧馬為代表的水田農具大量出現；北方旱地農具隨著旱地耕作技術體系的成熟也已基本定型。

與此同時，還出現了一些利用動力創新的農具，有效利用了自然資源。

明清時期的農具基本上繼承了宋元形制，沒有太大的突破，但是在耕犁方面有改進，是比較突出的進步。

宋元時期，隨著經濟重心的南移，稻作的勃興，一大批與稻作有關的農具相繼出現。這時最突出的農業貢獻是出現了秧馬、秧船等與水稻移栽有關的農具。

秧馬是中國古代農民發明的一種可以有效減輕勞動強度的農具，專門為水稻移栽而設計製造出來的農具，在泥地裡乘坐秧馬可以提高行進速度，減輕勞動強度，造成勞動保護的作用。

秧馬是種植水稻時，用於插秧和拔秧的工具，北宋時開始大量使用。秧馬外形似小船，操作者坐在船背。秧馬頭尾翹起，背面像瓦，一般是用棗木或榆木製成，背部用楸木或桐木。

秧馬可能是由農家的四足馬凳改進而來。馬凳是用一塊長方木板上安裝上四條腿而做成的小木凳，是農家使用十分普遍的小家具，平日隨時隨地都可以坐它休息或從事某些活動。

在稻田作業中，拔秧者的勞動姿勢是以蹲和躬腰為主，一次躬腰或下蹲可以拔下一定範圍的秧苗，然後再向前移動一定距離繼續拔秧。這樣可以在一個固定地點停頓若干時間的勞動方式，就像人們把家中的馬凳拿到田裡來，坐在凳上拔秧。

實踐使人們認識到，這樣的四足凳在秧田裡並不適用，田裡的稀泥會把小凳的四足陷下去。但如果在四足下放一塊木板，小凳既不容易下陷，而且還可以拉著木板很輕便地在泥水中移動。

以後，人們又按照古人在泥地裡乘坐泥橇前行的辦法，將木板做成兩端上翹的形狀，於是一種底部代滑橇的秧凳就產生了。

因為這種凳有四條腿，像馬，所以人們常常形象地叫它「馬凳」。將其拿到秧田裡來用，人們會很自然地把它叫做「秧馬」。

秧船也是在稻田作業中產生的。拔秧和插秧都是在秧田中勞動，而且插秧比拔秧更辛苦，拔秧可以坐著進行，插秧也可以坐著進行了。這是很自然的聯想，於是人們就試著坐在拔秧凳上插秧。

試用結果表明，這種秧凳雖然可用於插秧，但有很多不便：因拔秧是前進運動，拔秧者拔過面前的一片秧之後，只要用手將秧凳前端稍稍抬高，並拉著向前一滑，就可以前進一段距離繼續拔秧。

插秧是後退運動，後退時將秧凳後端抬高並向後拉就很不方便，但是，如果將滑橇做得長一些，人坐的靠前一些，滑橇的後端就會自然抬高。

插秧人只要雙足向前一蹬，滑橇就會向後一滑。但這樣的凳式秧馬滑橇仍然會陷入泥水中，增加了滑動的困難。人們又想到了船，於是，一種結合船和秧馬共同特點的秧船就產生了。

秧船與秧馬相比，出現了一些變化：

一是有了側板，拔秧者不需要再用兩腿作為打洗秧根的工具，在側板上打洗即可；

二是前端有了存放捆秧稻草的地方，不用拔秧人再將稻草掛在腰間或脖子上；

三是後端有了存放秧苗之處，拔出並捆好的秧苗不用再零散地扔在水裡。

但是，秧船比秧馬形體大了許多，製作也複雜了許多，所以有些人仍繼續使用凳式秧馬拔秧，於是兩種秧馬就同時並存了下來。凳式秧馬只用於拔秧，船式秧馬則插秧、拔秧皆可用。

可以說，宋元時期是水田中耕農具的完善時期，除了秧馬和秧船，還出現了不少與水田中耕有關的農具，如耘爪、耘蕩、薅鼓、田漏等。

與此同時，一些原有的農具由於水稻生產的需要，得到了進一步的推廣運用。傳統南方水田稻作農具至此已基本出現，並配套定型。

宋元時期，旱地農具的發展主要是在原有農具上的改進，並進一步完善。其中最有典型意義的有犁刀、耬鋤、下糞耬種、砘車、推鐮、麥籠、麥釤和麥綽等。

以耬車為例，它原本是漢代出現的一種畜力條播農具，宋元時期，對這種旱地農具進行了改進，發展出了耬鋤和下糞耬種兩種新的畜力農具。

元代農學家王禎《農書》中的《農器圖譜》是關於傳統農具集大成的著作，在其所載的一百多種農具中，除有些是沿襲或存錄前代的農具之外，大部分是宋元時期使用、新創或經改良過的。

在利用自然資源進行動力創新方面，宋元時期以對水力的運用表現得最為突出，出現了水轉翻車、高轉筒車、水輪三事、水轉連磨等，這些都是用水為動力來推動的灌溉工具和加工工具。

水轉翻車據《王禎農書》記載，其結構同於腳踏翻車，但必須安裝在流水岸邊。水轉翻車，無需人力畜力，可以用水力代替人力。

水輪三事是王禎創製的。他在普通水磨的基礎上，透過改變它的軸首裝置，使它兼有磨面、礱稻、碾米三種功用。

水輪三事的結構組成為：一個由水力驅動的立式

大水輪，在延長的水輪軸上裝上一列凸輪或撥桿和一個立輪，凸輪或撥桿撥動碓桿末端，使碓上下往復擺動，即可舂米或使穀物脫殼。立輪同時驅動一個平輪和一個立輪，平輪所在軸上裝有磨，用以磨面。立輪所在軸上裝有水車，用以取水灌溉。

水轉連磨在宋元時期被廣泛運用。它是由水輪驅動的糧食加工機械，為晉代的杜預創製的。它的原動輪是一具大型臥室水輪，水輪的長軸上有三個齒輪，各聯動三台石磨，共九台石磨。也有一具水輪驅動兩台石磨的，成為連二水磨。

與水轉翻車等利用水能的農具差不多同時創製的還有風轉翻車。最早記載見於元初任仁發《水利集》。集中提到浙西治水有「水車、風車、手戽、桔槔等器」。

其中的「風車」無疑是指風轉水車，而非加工穀物的風扇車。風力這一時期也用於穀物加工。

元朝大臣耶律楚材就曾有「衝風磨舊麥，懸碓杵新粳」的詩句，描寫出當地農業稻、麥豐收的繁榮景象。說明元代東南和西北地區都已利用風力作為動力了。

宋元時期，是中國水田、旱田農具基本配套定型的時期。及至後來的明清時期，農具基本上繼承了宋元形制，沒有太大的突破。只是在農具質量有了一些改良。

明代的傳統農業階段與前代相比，進步是十分明顯的。當時人口和耕地有了較大幅度的增長，水利建設更受重視，耕作技術有所改進，商品性農業空前發展，經營模式有所轉變，這一切說明傳統農業在明代仍是富有活力的，其發展潛力還很大。

明代人口總數到萬曆後期已達到一點五億以上。在較高的人地比例的壓力下，人們更加追求集約經營，不斷探索提高糧食單位面積產量的技術和方法。由於鐵的冶煉技術有所提高，明代農具的質量得到改良。

明清時期的耕犁改用鐵轅，省去犁箭，犁身結構簡化，耕犁更加堅固耐用，既延長了使用時間，又節約了生產成本，是一種進步。

閱讀連結

北宋文豪蘇軾途經江西廬陵時，見農夫在田中插秧時的艱難情狀，就回憶起以前在武昌見農夫用秧馬在稻田勞作的情形，於是便從《史記》、《唐書》古代典籍中尋求類似秧馬的發明原理，進一步瞭解和熟悉這一農具，又作《秧馬歌》教廬陵人也使用這種水田農具。

事實上，當時蘇軾身遭貶謫，尚在路途之上，前途未卜，不知所終，但還想著為農民做好事，為推廣秧馬的使用，可以說殫精竭慮。這樣的人堪稱楷模，令人讚嘆。

古苑栽培 古代園藝

園藝就是園地栽培。在古代，果樹、蔬菜和花卉的種植常侷限於小範圍的園地之內，與大田農業生產有別，故稱為園藝。

園藝作物主要有果樹、蔬菜和觀賞植物三大類。因此，中國古代園藝可相應地分為果樹園藝、蔬菜園藝和觀賞園藝。

園藝業是農業種植業的組成部分。中國古代在果樹繁殖、蔬菜栽培、名貴花卉的培育和栽培技術，及在園藝事業上與各國的廣泛交流等方面卓有成就。對豐富人類的精神生活，改造人類生存環境做出了重要貢獻。

中國古代園藝發展

■古畫中的園林景觀

先秦時期，最初農藝和園藝尚無明顯分工，周代園圃開始作為獨立經營部門出現，當時園圃內種植的作物已有蔬菜、瓜果和經濟林木等。

秦漢時期，透過絲綢之路，一些園藝作物如桃、杏等被傳至西方；同時也從外國引進了大蒜、黃瓜、葡萄、石榴、核桃等。

南北朝時在果樹的繁殖和栽培技術上有不少創造發明。唐宋以後，園藝事業有了很大發展，新品種逐漸增多，中外交往更加頻繁。

園藝業是農業中較早興起的產業。在遠古年代，人們為了生存而採集野生植物，最早被採集的是野生的蔬菜植物，因為這類植物可食時間長，有的食葉，有的食根或嫩莖。由採集到栽培，首先也是這些植物。

在中國的黃河流域，神農氏時期我們的先民已開始引種馴化蕓薹屬植物白菜、芥菜，栽培桃、李、橘柑等果樹以及禾穀類糧食作物。

新石器時期遺址西安半坡原始村落中發現的菜籽，距今七千多年。浙江河姆渡新石器時期遺址中，發掘出七千年前的盆栽陶片，上面有清晰的花卉圖案。

考古發掘還證明，西元前五千年至西元前三千年以前，中國已有了種植蔬菜的石製農具。

在成書於春秋時期的詩歌總集《詩經》中，記載了多種蔬菜、果樹和觀賞園藝植物，如葫蘆、韭菜、山藥、棗、桃、橙、枳、李、梅、奇異果、菊、杜鵑、竹、芍藥、山茶等。當時的先民已講究園藝植物播種前的選種、播種的株距和行距，已使役牲畜。

長時期以來，人們把蔬菜和果樹或與糧食混種在一起，或種在大田疆畔、住宅四旁。到了周代，已經出現了不同於大田的園圃，就是種植果木菜蔬的園地。

周代園圃的形成有兩條途徑：其一是從囿中分化出來。囿是中國古代供帝王貴族進行狩獵、遊樂的園林，就是把一定範圍的土地圈圍起來，保護和繁殖其中的草木鳥獸，這就是囿。在囿中的一定地段，還種植某些蔬菜果樹等。其二是從農田中分化出來。如西周有些耕地春夏種菜蔬，秋收後修築堅實作曬場。

戰國時期，園藝業發展很快，已出現大面積的梨、橘、棗、姜、韭菜種植園。說明當時中國已有溫室栽培，已有嫁接技術。

秦漢園藝業有很大發展。《漢書》記載了太官在冬天於室內種蔥、韭等蔬菜，說明溫室培養在中國由來已久。其中的太官蔥尤為著名，是太官上供之物。

明代李時珍《本草綱目·菜一·蔥》：「冬蔥即慈蔥，或名太官蔥。」太官蔥的莖柔細而香，可以越冬。

中國和西方國家之間的交流，最早當數漢武帝時，張騫出使西域。張騫由「絲綢之路」給西亞和歐洲帶去了中國的桃、梅、杏、茶、芥菜、蘿蔔、甜瓜、白菜、百合等，大大豐富了那些地區園藝植物的種質資源。

也給中國帶回了葡萄、無花果、蘋果、石榴、黃瓜、西瓜、芹菜等，豐富了中國園藝植物的資源。以後海路也打通了交流的渠道。

南北朝時期的園藝，比較突出的是在果樹的繁殖和栽培技術有不少創造發明，在嫁接繁殖、果樹疏花、修剪，以及防治蟲害等方面取得了新的成就。《齊民要術》就詳細論述了果樹繁殖、栽植、管理及蟲害防治等技術。

南北朝時期的大部分果樹採用分株、壓條和扦插方法繁殖。這一時期嫁接繁殖技術也已達到相當高的水平，可稱為一千四百多年前古代農業技術發展上的一大成就。

當時已知嫁接繁殖可以保持品種的優良特性和提早結果；並知道宜從壯樹上選取向陽的枝條充作接穗，用作接穗的枝條部位不同，可影響嫁接苗長成後的樹形和結果年齡的早遲。嫁接時間則以枝條萌發時為宜。

對具體操作方法，當時已注意到使嫁接必須密接，接後要封土，保持濕潤，以利於活化。後來又進一步認識到嫁接親和力取決於兩樹間的親緣關係。

在果樹疏花、修剪、防治蟲害等方面，南北朝時也創造了許多可貴的經驗。如已注意到果樹開花過多與著果率之間存在矛盾。對棗樹採取了「以杖擊其枝間，振去狂花」的措施，認為花繁則果實不成。

此外，還創造了用斧背擊傷果樹皮，阻礙養分分流下行，以提高著果率的「嫁棗法」，可以說是後來疏果和環狀剝皮技術的起源。

在果樹防寒防凍方面，南北朝有冬季葡萄埋蔓，板栗幼苗「裹草」，以及熏煙防霜等方法。

唐宋時期，中國的園藝技術達到很高水平，許多技術世界領先。觀賞園藝發展迅速，出現了很多牡丹、芍藥、梅和菊花等的名貴品種。

唐宋園藝出現了造詣很深的理論著作。如宋代茶學專家蔡襄的《荔枝譜》，講述荔枝的用途、栽培方法、貯藏加工方法、品種及特點等，全書內容較為詳實。

北宋劉攽的《芍藥譜》所記揚州芍藥有三十一種，評為七等。每品均略敘花之形、色。據自序說，所記諸品，都讓畫工描畫下來，可見原書還有附圖。宋代詞人王觀在《揚州芍藥譜》中，主要描寫了揚州芍藥的種類、栽培與欣賞。

北宋洛陽的花園類型園藝頗為壯觀。比如在天王院花園中，既無池也無亭，獨有牡丹十萬株，牡丹花開時，花園的吸引力是非常大的，這種專供賞花而建的園林在中國古典園林中還是少見的。

再如歸仁園，該園所在地是洛陽城中一個花簇錦繡、植物配置種類繁多，以花木取勝的園子。但它與天王花園不同，天王花園是單一的牡丹園，花過即遊園結束，而歸仁園則是一年四季花期不斷，真可以稱為百花園了。

此外，還有李氏仁豐園，是名副其實的花園類型的園林，不僅洛陽的名花在李氏仁豐園中應有盡有，遠方移植來的花卉等也種植，總計在千種以上。說明在宋代，已用嫁接的技術來創造新的花木品種了，這在中國園藝史上是了不起的成就。

明清時期的園藝學專著更多，如清代弘皎的《菊譜》，共記百種菊，後附弘皎所編《菊表》，將百種菊列表評次，分二等六品。是諸多藝菊專著之一。

再如清代園藝學家陳淏子的《花鏡》，是中國重要的園藝學古籍。書中講述了各種花的種栽方法、用途等。《花鏡》的問世，奠定了中國傳統觀賞園藝植物學的基礎。

中國享有世界級「園藝大國」和「園林之母」的聲譽，因為既有如上所述悠久的歷史，也有其他國家難以比擬的極豐富的園藝植物種質資源。歷史上中國許多園藝品種外傳就是個證明。例如：寬皮橘在十二世紀由中國傳至日本，後傳遍世界各地。

閱讀連結

西漢探險家、旅行家與外交家張騫，曾經兩次出使西域，開通了促成東西方經濟文化交流的交通線「絲綢之路」，促進了中國和西方物質文化交流。

在互通有無的交流過程中，西域的植物特產如苜蓿、葡萄、石榴、胡麻（即芝麻）、胡豆（即蠶豆）、胡瓜（即黃瓜）、大蒜、胡蘿蔔等傳到中國，豐富了中國古代作物栽培內容，促進了古代園藝業的發展。

張騫出使西域，對中國古代文化藝術產生了重大的影響。他完全可稱之為中國走向世界的第一人。

中國古代果樹園藝

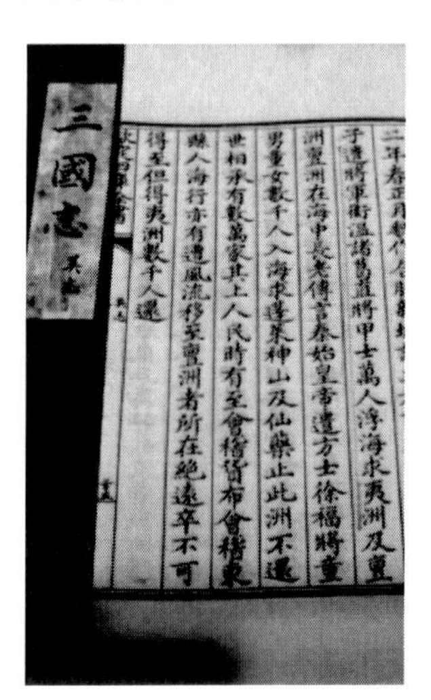
三國志
二年春正月
子遣將軍衛溫諸葛直將甲士萬人浮海求夷洲及亶
洲亶洲在海中長老傳言秦始皇帝遣方士徐福將童
男童女數千人入海求蓬萊神山及仙藥止此洲不還
世相承有數萬家其上人民時有至會稽貨布會稽東
縣人海行亦有遭風流移至亶洲者所在絕遠卒不可
得至但得夷洲數千人還

■記載果樹栽培的《三國志》

果樹是能提供可供食用的果實、種子的多年生植物及其砧木的總稱。中國是世界果樹起源中心之一，原產的果樹種類繁多，栽培歷史可以追溯到殷商時期，距今至少有三千年以上的歷史。

中國古代在果樹園藝方面取得了豐碩的成果，在建立果園、培育良種、栽培技術、果樹管理，以及果實採收等方面，經驗豐富，技術成熟。體現了中國古代農民的勤勞和智慧。

中國古代果園出現很早，在建園時除對果園進行一些保護措施外，還注意到了各方面的條件。

《詩經》中已有「園有桃」、「園有棘」、「折柳樊圃」、「無逾我園」等詩句。說明周代已有專門栽培果樹的「園」

和專門栽培蔬菜的「圃」，在圃的周圍栽植柳樹作藩籬，推測園的周圍也可能有藩籬。

《三國志·魏書·鄭渾傳》中明確記載了果園的四周栽植榆樹為綠籬。南北朝時，《齊民要術》中有專篇討論果園綠籬的培植，其時用作綠籬的樹種有酸棗、柳、榆等。

到了明代，用作果園綠籬的樹種很多，除以上幾種外，據《農政全書》記載，還有五加皮、金櫻子、枸杞、花椒、梔子、桑、木槿、野薔薇、構樹、枸橘、楊樹、皂莢等。

明代人們已注意到，林木可改變小氣候，《農政全書》提出在果園的西、北兩側營造竹林可以遮擋北風，從而有利於減輕園中果樹的凍害。

中國古人在建立果園時已注意到自然環境，做到適地適種。早在戰國時，人們已對土壤進行觀察與分類，《管子》中提出不同的土壤適宜栽培的果樹種類各不相同；《周禮·地官》中已注意到，地勢不同，所宜栽培的果樹種類也各異。

南北朝時，更進一步注意到合理利用土地，《齊民要術》主張，在不宜栽培大田作物的起伏不平的山崗地可用來栽培棗樹。宋代《避暑錄話》已提到，在山坡栽培果樹，應注意坡向，並應修成梯田。

古人在建園之初還考慮灌溉條件，《農政全書》提出可於園中適當地點鑿池蓄水，即便於果樹灌溉，也可兼營養魚。鑿池所起之土，可堆於園的西、北兩邊，築成土阜，營造防護林。

在果樹栽植技術方面，中國古代強調果樹栽植距離應該因樹種而異。例如李樹的栽植距離，在漢代《僮約》、南北朝時《齊民要術》、清代《齊民四術》等文獻中，都提出具體意見和建議，總起來看是以「枝不相礙」為準。

古人已注意到，果樹中有雌雄異株的樹種，如銀杏等。宋代《瑣碎錄》指出，這類樹種，必須雌雄同種方能結實。

果樹移栽的具體操作方法，在《齊民要術》中有較全面的論述，其後歷代典籍中也時有述及。概括起來，有以下幾個要點：

一是栽植穴要適當挖得深寬一些；

二是掘取苗木應儘量多帶原土；

三是苗木放入栽植穴時，要保持原來的方向；

四是苗木植入栽植穴時，要注意使根部舒展；

五是覆土應使苗木的根與土壤密接，勿留空隙；

六是適當修剪樹苗木，以減少蒸發；

七是覆土到最上面並保持土壤鬆軟，以減少蒸發；

八是栽好後，切勿再搖動樹幹，最好立支柱扶持，以防風吹搖動樹幹。

總之，要儘量避免使苗木受傷，則可保證移栽成活。古代有「移樹無時，莫教樹知」的諺語，是對樹木移栽技術的形象概括。

果樹移栽的時間，對落葉果樹，漢代的《四民月令》說，宜在農曆正月的上半月；《齊民要術》則認為，移栽最好的農曆正月，二月也可以，三月最差，總的原則是寧早勿晚，並提出可以根據當地的農候，靈活掌握移栽的適期。例如棗樹以在葉芽萌發如雞嘴伏時移栽最適合。而常綠果樹，則宜在天氣轉暖後移栽。

中國古代，在果園土壤管理、施肥、灌溉排水等方面，創造了一定的經驗。

對於果園土壤管理，《齊民要術》對黃河中下游栽培的多種落葉果樹的論述中反映，古代在果樹栽植後，一般不耕翻土壤，但對中耕鋤草卻相當重視。對常綠果樹也是這樣。例如《避暑錄話》便主張柑橘園中要常年耘鋤，令樹下寸草不生。

元代《農桑衣食撮要》提到，農曆正月果樹發芽前，在樹根旁深掘土，切斷主根，勿傷鬚根，再覆土築實，則結果肥大，稱為「騸樹」。

其後的典籍中也常有此記述，只是「騸」或寫作「善」。方法有點像後來遼南果農在蘋果栽培中應用的「放樹窠子」。

對於果樹施肥，《齊民要術》提到，桃樹施以腐熟的糞肥，可以增進桃果的風味。宋代《橘錄》說，橘樹在冬、夏施肥，則「葉沃而實繁」。

明清時期的典籍如《竹嶼山房雜部》、《花鏡》等對果園施肥有較全面的論述。指出在果樹萌芽時不宜施肥，以免損傷新根；開花時不宜施肥，以免引起落花；坐果後宜施肥，以促進果實膨大；果實採收後宜施肥，以恢復樹勢；冬季應施肥，以供來年樹體發育。

古代果園施用的肥料主要為有機質肥料，如大糞、豬糞、河泥、米泔等。

對於果樹灌溉排水，古籍中這方面的論述雖不多，內容卻比較切實。例如宋代《橘錄》中提到，乾旱則橘樹生長受礙，雨水過多則果實開裂或風味淡薄。所以橘園應開排水溝以防雨澇，遇旱應及時澆灌，並且指出，可結合灌溉進行施肥。

明代《群芳譜》則針對無花果的需水特性，提出要「置瓶其側」，進行滴灌。清代《廣東新語》提出要在果樹休眠期「通灌之，以俟其來春發育」。

清代《水蜜桃譜》中指出，桃「喜乾惡濕」，在多雨地區栽培，需開排水溝，以利排水。

果樹的修剪整枝，雖然早在先秦文獻中已有所反映，但如何對果樹進行修剪整枝，史籍中卻很少述及。

宋代的《橘錄》中指出，應剪去過於繁盛而又不能開花結實的枝條以通風透光，以長新枝。

元代《農桑衣食撮要》在農曆正月的農事中，雖然專門列有「修諸色果木樹」一項，可是，內容僅僅是剪去低小亂枝，以免耗費養分。

明代的《農政全書》中提到，果樹宜在距離地面六七尺卻截去主幹，令其發生側枝，使樹型低矮，以便於採收；《便民圖纂》提出葡萄要在夏季結果時修剪，使其「子得承雨露肥大」。

明清時期的文獻中概括了幾種應予剪去的枝條，即向下生長的「瀝水條」，向裡生長的「刺身條」，並列生長的「駢枝條」，雜亂生長的「冗雜條」，細長的「風枝」，以及枯朽的枝條。

古代修剪多在落葉後的休眠期進行。所用工具視枝之大小而異，小枝用刀剪，大枝用斧。切忌用手折，以免傷皮損幹。剪口應斜向下，以免被雨水浸漬而腐爛。

對於果樹的疏花疏果與保花保果技術，《齊民要術》提出於棗樹開花時，有用木棒敲擊樹枝，以震落「狂花」的做法。認為如果不這樣做，則棗花過於繁盛，以致不能坐果。

其後歷代典籍中也時有記載。後來華北地區，在棗樹開花時仍有用竹竿擊落一部分棗花的做法，群眾稱為「打狂花」，其實就是古法的延續。

《齊民要術·種棗篇》還說在農曆正月初一，用斧背雜亂敲打棗樹樹幹。據說，不如此則棗開花而不結果。以後歷代農書中也常提到用斧背敲打樹幹，可使韌皮部受到一定的損傷，使養分向下輸送受阻，從而集中供到果實的生長發育。

對於果樹的防凍防霜，古籍中記有多種多樣的措施。例如《齊民要術》記載，在黃河中下游栽培石榴，每年農曆十月起，需用草纏裹樹幹，至次年二月除去；栽培板栗，幼齡時也要如此；栽培葡萄，每年農曆十月至次年二月間，採用埋蔓防寒。

宋代的《松漠紀聞》載，有在高緯度的寒冷地區，栽培桃、李等果樹，創造了埋土防凍的人工匍匐形栽培法。

史籍中記載的果園防霜的方法主要是熏煙，其次覆蓋。熏煙法最早見於《齊民要術》，其後歷代典籍中也有涉及。

在江蘇太湖洞庭東西山栽培柑橘，冬季極寒時，也要應用熏煙以防霜雪。荔枝的耐寒性次於柑橘，尤其是幼齡時，根系入土尚不深，更易罹霜害，所以宋代蔡襄在《荔枝譜》中指出，幼齡荔枝在極寒時要覆蓋或熏煙以防寒。

杏是一年中開花最早的果樹，特別易罹晚霜為害，因此，唐代《四時纂要》、明代《群芳譜》等不少典籍都提到，杏園在花期要注意及時應用熏煙以防霜害。

對於果樹的病蟲害防治，古籍中也記有多種方法。《齊民要術》指出，冬季可以用火燎殺附著於果樹枝幹上的蟲卵、蟲蛹。

唐代《酉陽雜俎》中記有人工鉤殺蛀蝕果樹枝幹的天牛類害蟲；《橘錄》介紹了用杉木做木釘，用來堵寒蟲的方法。

宋及宋以後的典籍中則提出，可用硫磺或中草藥，如芫花或百部葉等塞入蟲孔中殺蟲。有的古籍還提到地衣著生在柑橘樹幹，會奪去柑橘枝葉上的養分，要及時用鐵器刮除。

《南方草木狀》和《酉陽雜俎》等文獻，記有華南一帶的柑橘園中放養黃猄蟻以防治蟲害的方法。這是中國也是世界上生物防治蟲害的最早記載。

到了清代，這種黃猄蟻也被用來防治荔枝的蟲害。當時廣東省一些地區的果園中在放養黃猄蟻時，還用藤、竹為材料，在樹間架設蟻橋，以利蟻群往來活動，消滅害蟲，市場上也有整窩的黃猄蟻出賣。

古代果實的採收標準依果樹的種類不同而異。例如棗，宜在果皮全部轉紅時採收。過早採收者，因果肉尚未生長充實，曬製成乾棗，皮色黃而皺；果皮全部轉紅而不收，則果皮變硬。

再如君遷子，按《齊民要術》記載，宜在經霜後，果皮變為赤黑色時採收；過早採收，則味澀，不堪食用。

又如柑橘，據《橘錄》記載，在重陽節時，果皮尚青，為求得善價，固然可以採收，但若要味美，應以降輕霜後再採收為宜。

雖然果實的採摘標準因果樹的種類而異，不過古人也曾概括了一條重要原則，即：果實應及時採收，過熟不收，則有傷樹勢，影響來年的結果。

果實的具體採收方法，也是依果樹的種類而異。例如棗，用搖落的方法。柑橘，用小剪，蘋果剪蒂下果。對樹型高大的橄欖，典籍中曾提到可用鹽擦樹幹，或在根部鑿洞，納入食鹽，可令其果實自落。

閱讀連結

銀杏又名銀杏，它有一個美麗的傳說。

很久以前，一個在山上砍柴的青年人白郎，有一次蹲在一棵小樹下躲雨，後來把樹移栽在所居洞前，悉心育護。哪知這棵樹原是山神的女兒，叫果仙。因感於白郎悉心照料，就和白郎結為夫妻。

山神禁閉女兒，趕走白郎。結果白郎憂憤而終。此時的果仙千年懷胎，一朝分娩。誰知嬰兒落地生根，繼而長成碧樹。果仙給孩子取名銀杏。

銀杏樹長大，年年碩果纍纍，供人們饑為食，渴為飲，病為藥。銀杏遂名傳天下。

中國古代蔬菜園藝

■博物館收藏的蔬菜古畫

蔬菜植物的範圍很廣，凡是一二年生及多年生的草本植物，以其多汁產品器官作為副食品的，均可被列為蔬菜植物。有些木本植物、藻類和真菌等，也可作為蔬菜食用。

中國蔬菜栽培的歷史可以追溯到六千年前的仰韶文化時期。幾千年來在蔬菜栽培技術方面積累有豐富的經驗。大田作物的一套傳統的精耕細作方法，有不少是首先在蔬菜栽培中創造出來的。

中國古代的蔬菜園藝，在南北朝及其以前，就已經積累了豐富的經驗。北魏《齊民要術》中有十五篇專門記述蔬菜栽培技術，介紹了六世紀以前黃河中下游地區栽培的三十多種蔬菜，從選地到收穫、貯藏、加工作了較全面的論述。

在土壤選擇與耕作方面，古人在栽培蔬菜時十分注意土壤的選擇，一般均選用較肥沃的土壤。如種大頭芥要選擇「良地」，種香菜宜選用「黑軟青沙地」，種大蒜宜選「軟地」等。

菜地要求熟耕。如種香菜要三遍熟耕；種姜要多次熟耕，最好縱橫耕七遍等。耕菜地要根據具體情況靈活掌握，比如當香菜連作時，如果前茬地肥沃而又不板結的話，就可不加耕翻，以節省勞力。

《齊民要術》中強調，分畦種菜可以合理地利用土地，菜的產量也高；便於澆水和田間操作，避免人足踐踏菜地。菜畦的大小一般是長兩米，寬一米。栽培韭菜的畦一定要做得深，因為韭菜每採收一茬都要加糞。

蔬菜一般生長期較短，需肥量較大，菜地一定要施用基肥。基肥通常用大糞，或先於菜地播種綠豆，至適當的時候進行壓青，充作基肥。播種後還常施用蓋子糞，即在播種畢，隨即用腐熟的大糞對半和土，或純粹用熟糞覆蓋菜籽。

此外，播種前依蔬菜的種類不同進行不同的種子處理。對某些蔬菜的種子，如葵、香菜等，強調在播種前需予以曝曬，否則長出來的菜「疥而不肥」。

早在西漢時，就已知道應用打杈、摘心等方法控制單株結實數，以培養大的果實。到南北朝時，進一步認識到甜瓜是雌雄異花植物，雌花都著生在側蔓上，栽培中應設法促生側蔓，以便多結果。

對於蔬菜病蟲害防治方法，《齊民要術》也提到一些。比如甜瓜，適當安排播種期以避免蟲害，在地中置放有骨髓的牛羊骨以誘殺害蟲等。

蔬菜的採收標準因種類而異。葉菜類一般都是整株採收；或掐頭採收，留下根株繼續生長。大蒜頭應在葉發黃時採收，否則易炸瓣。

西漢的文獻中已有窖藏芋的記載，只是未提窖的具體築法。《齊民要術》中有較詳細的記載：農曆九十月間，選擇向陽處挖四五尺深的坑，將菜放入坑中，一層菜一層土，放至距離地面一尺處。最上面用穀草厚厚地覆蓋，此法相當於現在的埋藏法。

先秦文獻中已有各種鹽漬蔬菜的記載，到漢代時，《四民月令》中提到醬菜的加工。《齊民要術》總結以前的蔬菜加工方法，記載有鹽漬、蜜漬等。

總之，南北朝及其以前時期，蔬菜的栽培技術已十分豐富而細緻。南北朝以後，中國的蔬菜栽培技術有了新的發展。

比如育苗移栽技術，元代，栽培瓜類、茄子、芋、萵苣、芥菜等都採用育苗移栽。元代已注意到瓜類和茄子是喜溫蔬菜，種子萌發要求較高的溫度，在氣溫尚低的農曆正月，必須設法創造一個溫度較高的環境進行催芽，才能使其萌芽。

當時係採用瓦盆或桶盛糞穢，待其發熱，將瓜類、茄子的種子插入，經常澆水，白天置於向陽處，夜裡置於灶邊等種子發芽後，種於肥沃的苗床中。適時用稀薄的糞土澆灌，並搭矮棚遮護。待瓜茄苗長到適當大小時，帶土移栽至本田。

這種方法相當於現在的冷床育苗，而利用糞穢發熱催芽，與現在利用溫床育苗的道理是一致的。可見當時已知道糞穢發酵能產生相當高的熱量，必須等發酵高峰過去後，才能用來給喜溫的蔬菜催芽。

清代後期，已把育苗移栽視為栽培某些蔬菜的必要措施。如：栽培結球甘藍，就必須進行育苗移栽才能確保包心。這時在一些地區還出現了專營培養菜苗出售的菜農。

清代文獻中出現「苗地」這一名稱。當時對早春培育辣椒的苗地有嚴格的要求：苗地要選擇高燥肥沃之地，預先施以基肥，並精細整治。播種之後，苗地上要搭矮棚遮護雨雪，防寒保暖。幼苗出土後，遇天氣晴朗，白天應揭去棚頂，使幼苗見日光。

到驚蟄後，將瓜類或茄果類蔬菜的種子用水泡漲後密播於最先挖的堂子中，覆以穀殼，再蓋以草薦。草薦是用乾枯的穀稈編織成的床墊。發芽後，天氣晴朗時，白天揭去草薦，夜晚用草薦蓋好。

待子葉展開後，按一定的株距行距每兩株相併，移至第二次挖的堂子中。經十餘日長出兩片真葉後，按一吋左右的株行距移至第三次挖的堂子中。如此經數次移栽，到天氣轉暖時，定植至本田。其時堂子中的甘薯藤、稻草、牛糞等已腐熟，可用來做肥料。

軟化栽培技術也是中國古代的一項蔬菜園藝。比如韭黃的生產，北宋時已出現，元代農學家王禎在《農書》首次記載了培養韭黃的方法：冬季，將韭根移至地窖中，用馬糞壅培，即可使其長一尺多高。並且正確地指出，由於不見風日，所以長出來的葉子黃嫩，因此名之為「韭黃」。

中國農業素有集約栽培的傳統。早在西漢時，就有在甜瓜地裡間作空心菜和小豆的做法。發展到清代，間套作更加細緻，已經將蔬菜與大田作物及經濟作物間套種，達到在一塊地兩年可以收穫十三次。

閱讀連結

王禎《農書》中記有香菇的栽培方法：選擇適宜的樹種，如構樹等，伐倒，用斧斫成坎，用土覆壓。等樹腐朽後，取香菇剉碎，均勻地撒入坎中，用蒿葉及土覆蓋。經常澆以米泔水。隔一段時間用棒敲打樹幹，稱為「驚蕈」，不久就可以長出香菇。

清代在廣東及江西的一些地方常栽培喜溫性真菌草菇，係以稻草為培養料栽培的。在湖南的一些地方則用苧麻稈及粗皮為培養為栽培，當地稱為「麻菇」。

花卉泛指一切可供觀賞的植物。包括它的花、果、葉、莖、根等。通常以花朵為主要觀賞對象。從一般意義上講，花卉也是代表一切草木之花。

■花園內的花卉景觀

中國古代花卉園藝起源很早，先秦時期已經出現了具有觀賞價值的人工園林。中國的花卉資源豐富，經過長時間的引種和國內外交流，積累了很多花卉園藝經驗。

中國古代花卉園藝

中國的獨立的花卉園藝是從混合的園囿中分化出來的。殷商甲骨文中已有「園」、「圃」、「囿」等字。商周時期的園圃是栽培果蔬的場所，所栽果木如梅、桃等也兼有很好的觀賞價值。當時的囿和苑都是人工圈定的園林，有垣稱囿，無垣為苑。

漢代，漢武帝利用舊時秦的上林苑，加以增廣，「周袤數百里」，南北各方競獻名果異樹，移植其中，多達兩千餘種，有名稱記載的約一百種，建成了中國歷史上第一個大規模的植物園，在中國花卉栽培史上有較大影響。

漢代已經有了盆栽花技術。考古工作者從河北望都一號東漢墓中發現墓室內壁有盆栽花的壁畫，表明盆栽花至遲在東漢時已流行。

從花卉本身的演變看，許多花卉原先本是食用、藥用的植物，人們喜愛其花朵，遂逐漸轉變成專供觀賞的花卉。或者食用、藥用兼顧，如白菊花、芍藥、荷蘭等。但是，更多的是發展成為專門的觀賞花卉，如中國獨特的牡丹、蘭花、菊、臘梅、月季、茶花等，它們是花卉的主流。

自從有了園圃和苑囿，便從農業生產中分化出專門從事栽植觀賞植物的勞動者。這些人世代經營，經驗日益豐富，並逐漸形成了專業的花卉種植戶「花農」和供應花卉的「花市」。

隋唐時期，花卉業大興。唐王室宮苑賞花之風盛行。長安城郊已有專業的花農，花市上出售花木有牡丹、芍藥、櫻桃、杜鵑、紫藤等。

長安城春季有「移春檻」活動。即將名花異卉植於檻內，以木板做底，在木板下安裝木輪，使人牽之行進，所到之處，鮮花就在眼前，賞心悅目。

還有「鬥花」之舉。富家豪商不惜千金購名花植於庭院中，以備春來鬥花取勝。這些賞花遊樂活動，推動了花卉種植，長安幾乎成了四季花髮的都城。

宋元時期，花卉的觀賞從上層人士向民間普及。據北宋文學家歐陽修《洛陽牡丹記》載：

洛陽之俗，大抵好花。春時，城中無貴賤皆插花，雖負擔者亦然，花開時，士庶競為遨遊。往往於古寺廢宅有池臺處為市，並張幄幟，笙歌之聲相聞……至花落乃罷。

南宋臨安以仲春十五日為花朝節，有賞芙蓉、開菊會等賞花活動。錢塘門外形成花卉種植基地，種藝怪松異檜，四時奇花，每日市於都城。民間紛紛栽種盆花，相互饋贈。

明清時期，隨著商品經濟發展，更促進了花卉業的繁榮。清代京師豐臺的花卉種植連畦接畛，挑擔入市賣花者，日有萬餘。

華南氣候比較溫暖，更適宜花卉的發展，其花卉品類亦不同於北方，花卉專業和花市盛況絕不亞於北地。除了專業花農，還出來中間商「花客」。

在花卉園藝的發展過程中，人們積累了豐富的經驗，掌握了栽培、引種、繁殖，以及花卉管理等技術，在中國花卉園藝史上佔有重要一頁，書寫了華美篇章。

中國古代花卉的栽培技術除了部分與大田作物相似外，更富有特殊之處。經過幾千年積累，都散見於各種零星文獻中，直至清初的《花鏡》才有了系統的整理敘述。

《花鏡》卷二的「棵花十八法」可說是集花卉栽培之大成。「十八法」的命名也充分反映花卉栽培的特點。計有辨花性情、種植位置、接換神奇、分栽有時、扦插易生、移花轉垛、過貼巧合、下種及期、收種貯籽、澆灌得宜、培壅可否、治諸蟲蠹、枯樹活樹、變花催花、種盆取景、養花插瓶、整頓删科及花香耐久等法。

以辨花性情為例，《花鏡》認為，在大自然裡，花木是有生命力的，每一種花都有不同的習性。

比如：牡丹花喜陽光充足、乾燥溫涼、夏無高溫，冬不甚寒之地；玫瑰喜陽光充足，耐寒、耐旱，喜排水良好、疏鬆肥沃的壤土或輕壤土；山茶花喜空氣濕度大，忌乾燥，喜肥沃、疏鬆、微酸性的壤土或腐殖土等。

花卉的栽培、品類的變異和增加，是與異地和異域不斷引種有關。最早的大規模異地引種就是前述的漢武帝上林苑。以後歷代的引種，連綿不斷。

晉代植物學家嵇含編撰的《南方草術狀》，記載了生長在中國廣東、廣西等地以及越南的植物。其中的茉莉、素馨等即從波斯引入。

唐代尚書左僕射李德裕曾將南方的山茶、百葉木鞭蓉、紫桂、簇蝶、海石楠、俱那、四時杜鵑等花木引種在他的洛陽別墅平泉莊內，共有各地奇花異草七十餘種。唐代大詩人白居易曾將蘇州白蓮引種於洛陽、廬山杜鵑引種於四川忠縣。

牡丹原盛於洛陽，宋以後隨著異地引種栽培，安徽亳州、山東曹州崛起成為牡丹著名產地。菊花原產長江流域和中原一帶，從元代起，漸向北方引種，直至邊遠地方也種菊花。

花卉種植中利用無性繁殖較普遍。宋代詞人王觀的《揚州菊藥譜》指出：「凡花，大約三年或二年中一分。不分則舊根老硬，而侵蝕新芽，故花不成就。」但分株不可過於頻繁，「不分與分之太數，皆花之病也」。

《花鏡》指出：「一切草木，分各按其時，栽能及其法，則長成捷於核種多矣。」分株的標準要看根上發起小條。對於大的樹木移植，須剪除部分枝條，以減少水分蒸騰，並防風搖致死。

扦插的要點是「必遇陰天方可動手，如遇連雨，則有十分生機」。插時須「一半入土中，一半出土外。若扦薔薇、木香、月季及諸色藤本花條，必在驚蟄前後」。

有關花木的嫁接技術至宋代才有記述，以後逐漸增加。歐陽修在《洛陽牡丹記》中敘述牡丹的砧木要在春天到山中尋取，先種於畦中，到秋季乃可嫁接。據說洛陽最名貴的品種「姚黃」一個接頭可值錢萬千，接頭是在秋季買下，到春天開花才付錢。

嫁接的技術性很強，並非人人會接。北宋的周師厚在《洛陽花木記》中指出，在接花法中，砧木與接穗皮須相對，使其津脈相通。北宋水利學家沈立《海棠記》提到當時洛陽的接花工以海棠接於梨樹可以提前開花。

清代有人以艾蒿為砧木，根接牡丹，使牡丹越接越佳，百種幻化，名冠一時。

對於花卉種子繁殖，宋時已注意到長期進行無性繁殖的花木要改用有性的種子繁殖，因為自然雜交所結的種子，後代容易產生變異，再從中選擇，便可獲得新的品種。南宋詩人陸游在《天彭牡丹譜》中提到當時花戶大抵多種花子，以觀其變。

對種子繁殖的土壤肥料要求，正如《花鏡》所說：「地不厭高，土肥為上。鋤不厭數，土鬆為良。」下種的時間因花卉而異。下種的天氣宜晴，雨天下種不易出芽，但晴天下種後三五日內最好有雨，不雨要澆水。果核排種時必以尖朝上，肥土蓋之。細子下種，則要蓋灰。

宋時蘇州一帶花農已知道識別梅的果枝和徒長枝，採取整枝、摘心、疏蕾、剪除幼果等方法，使花朵開多開大。

《花鏡》認為，對整枝的修剪方法要看花木的長相：枝向下垂者，當剪去之。枝向裡去者，當斷去之。有駢枝兩相交者，當留一去一。枯朽的枝條，最能引蛀，當速去之。冗雜的枝條，最能礙花，當擇細弱者去之。粗枝用鋸，細枝用剪，截痕向下，才能防雨水沁入木心等。這些修剪方法，俱切實用。

治蟲防蟲是花卉栽培中必不可缺的環節。防治害蟲的措施記載，初見於宋代，至明清而益完備。

《洛陽牡丹記》提到牡丹防蟲的方法：「種花必擇善地，盡去舊土，以細土用白蘞末一斤和之。蓋牡丹根甜，多引蟲食，白蘞能殺蟲，此種花之法也。」

還指出如果花開得變小了，表明有蠹蟲，要找到枝條上的小孔，「以大針點硫黄末針之。蟲既死，花復盛」。可見宋時使用的藥物治蟲有白蘞、硫磺等，種類較少。

到明清時，藥物種類大為增加。光是清代《花鏡》中提及的植物性藥物有大蒜、芫花、百部等，無機藥物有焰硝、硫磺、雄黃等。此外，還有採取物理方法如煙燻蛀孔、江蘺黏蟲等。

閱讀連結

文人愛梅花由來已久，清末文學家龔自珍則有更高的境界。他在《病梅館記》中說：梅憑著彎曲的姿態被認為是美麗的，筆直了就沒有風姿；憑著枝幹傾斜被認為是美麗的，端正了就沒有景緻；憑著枝葉稀疏被認為是美麗的，茂密了就沒有姿態。

龔自珍曾經買了三百盆病梅，毀掉那些盆子，把梅全部種在地裡，並以五年為限，使它們恢復本性。他還決意用一生的時光來治療更多的病梅。當然，龔自珍是在托梅抒懷，表達自己追求個性解放的強烈願望。

國家圖書館出版品預行編目（CIP）資料

種植細說：古代栽培與古代園藝 / 唐容 編著 . -- 第一版 .
-- 臺北市：崧燁文化, 2020.03
面； 公分
POD 版

ISBN 978-986-516-128-6(平裝)

1. 農業史 2. 栽培 3. 中國

430.92 108018538

書　名：種植細說：古代栽培與古代園藝
作　者：唐容 編著
發行人：黃振庭
出版者：崧燁文化事業有限公司
發行者：崧燁文化事業有限公司
E-mail：sonbookservice@gmail.com
粉絲頁：　網 址：
地　址：台北市中正區重慶南路一段六十一號八樓 815 室
8F.-815, No.61, Sec. 1, Chongqing S. Rd., Zhongzheng
Dist., Taipei City 100, Taiwan (R.O.C.)
電　話：(02)2370-3310 傳 真：(02) 2388-1990
總經銷：紅螞蟻圖書有限公司
地　址: 台北市內湖區舊宗路二段 121 巷 19 號
電　話:02-2795-3656 傳真 :02-2795-4100 網址：
印　刷：京峯彩色印刷有限公司（京峰數位）

定　價：200 元
發行日期：2020 年 03 月第一版
◎ 本書以 POD 印製發行